普通高等教育"十二五"规划教材

画法几何学

HUAFA JIHEXUE

周佳新　孙　军　主　编
王铮铮　姜英硕　王　娜　副主编
邓学雄　主　审

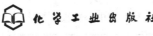

化学工业出版社

·北京·

本书共分十三章，重点讲解投影的基本知识、点线面的投影、立体的投影、轴测投影、组合形体、标高投影、立体表面展开等内容。通过实例，图文结合、循序渐进地介绍了画法几何学的基本知识、读图思路。可作为土木工程、道桥工程、城市地下空间工程、安全、力学、测绘、环境工程、暖通、给排水、建筑学、园林、规划、环境设计、工程管理、造价、土地、房地产、城市、物业、机械、交通、物流、电气、自动化、智能、通信、信息等专业本科、专科学生的教学用书，也可供相关工程技术人员参考。

与本书配套使用的《画法几何学习题及解答》（周佳新主编）由化学工业出版社同时出版。

教材和习题及解答均有配套的PPT版课件。

图书在版编目（CIP）数据

画法几何学/周佳新，孙军主编. —北京：化学工业
出版社，2015.2（2020.1重印）
普通高等教育"十二五"规划教材
ISBN 978-7-122-22067-7

Ⅰ.①画… Ⅱ.①周…②孙… Ⅲ.①画法几何-高等
学校-教材 Ⅳ.①O185.2

中国版本图书馆 CIP 数据核字（2014）第 239381 号

责任编辑：满悦芝 石 磊 加工编辑：张绪瑞
责任校对：吴 静 装帧设计：韩 飞

出版发行：化学工业出版社（北京市东城区青年湖南街 13 号 邮政编码 100011）
印 装：大厂聚鑫印刷有限责任公司
787mm×1092mm 1/16 印张 14 字数 436 千字 2020 年 1 月北京第 1 版第 5 次印刷

购书咨询：010-64518888 售后服务：010-64518899
网 址：http://www.cip.com.cn
凡购买本书，如有缺损质量问题，本社销售中心负责调换。

定 价：29.00 元 版权所有 违者必究

⊙ 前　言

　　画法几何学是土木工程、道桥工程、城市地下空间工程、安全、力学、测绘、环境工程、暖通、给排水、建筑学、园林、规划、环境设计、工程管理、造价、土地、房地产、城市、物业、机械、交通、物流、电气、自动化、智能、通信、信息等工科专业必修的技术基础课程之一，是表现工程技术人员设计思想的理论基础。　本书是在综合各专业的教学特点，依据教育部批准印发的《普通高等院校工程图学课程教学基本要求》，并根据当前画法几何学教学改革的发展，结合编者多年从事工程实践及画法几何学教学的经验编写而成的。

　　本书遵循认知规律，将工程实践与理论相融合，以新规范为指导，通过实例，图文结合、循序渐进地介绍了画法几何学的基本知识、读图的思路、方法和技巧，精选内容，强调实用性和可读性。　教材的体系具有科学性、启发性和实用性。

　　本书共分十三章，在内容的编排顺序上进行了优化，主要讲解投影的基本知识、点线面的投影、立体的投影、轴测投影、组合形体、标高投影、立体表面展开等内容。　着重培养学生空间几何问题的想象、空间几何问题的分析和空间几何问题的表达等能力，为后续课程打基础。

　　与本书配套使用的《画法几何学习题及解答》(周佳新主编)同时出版，可供选用。

　　教材和习题及解答均有配套的 PPT 版课件，需要者请与出版社或周佳新教授(zhoujiaxin@sohu.com)联系。

　　本书由周佳新、孙军主编，王铮铮、姜英硕、王娜副主编。　参与本书编写的有沈阳建筑大学的周佳新、孙军、王铮铮、姜英硕、马广韬、张喆、刘鹏、王志勇、沈丽萍、李鹏、张楠、马晓娟、牛彦，辽宁科技学院的方亦元、韦杰，沈阳城市建设学院的王娜、赵欣、李琪、陈璐、宋小艳、李丽，沈阳大学的潘苏蓉等。

　　本书承蒙华南理工大学邓学雄教授审阅，邓教授提出了许多宝贵的意见和建议，在此表示衷心的感谢!

　　由于水平所限，书中难免出现疏漏，敬请各位读者批评指正。

编　者
2014 年 12 月

→ 目 录

第十章　轴测投影　145

第十一章　组合形体与构型设计　167

第十二章　标高投影　187

第十三章　立体表面展开 198

参考文献 216

绪　论

一、课程的性质和目的

画法几何学是几何学的一个分支，研究用投影法图示和图解空间几何问题的理论和方法，是工科类各专业必修的技术基础课。通过本课程的学习，使学生具有图示和图解空间几何问题的能力，为后续课程打基础。

在近代工业革命的发展进程中，随着生产的社会化，1795 年，法国著名学者加斯帕·蒙日（G. Monge，1746—1818）（见图 0-1），系统地提出了以投影几何为主线的画法几何学，使工程图的表达与绘制得以高度的规范化、唯一化，从而使画法几何学成为工程图的"语法"，工程图成为工程界的"语言"。蒙日于 1795 年 1月起在巴黎高等专科学校讲授画法几何学，初期是保密的。1798 年保密令解除，公开出版画法几何学。从此，画法几何学传遍世界。1920 年清华大学的萨本栋教授（物理科学家，留美学习电工，厦门大学校长，教画法几何）译美国安东尼·阿什利的"Descriptive Geometry"，此书由商务印书馆出版，蔡元培作序（清末进士，留学德国、法国，曾任教育总长，中央研究院院

图 0-1　蒙日像

长，北大校长）。后来我国工程图学学者、华中理工大学赵学田教授简捷通俗地总结了三视图的投影规律为"长对正、高平齐、宽相等"，从而使得画法几何和工程制图知识易学、易懂。

二、课程的内容和研究对象

图样被喻为"工程界的语言"，它是工程技术人员表达技术思想的重要工具，是工程技术部门交流技术经验的重要资料。图是有别于文字、声音的另一种人类思想活动的交流工具。所谓的"图"通常是指绘制在画纸、图纸上的二维平面图形、图案、图样等。我们是生活在三维的空间里，要用二维的平面图形去表达三维的立体（空间）。如何用二维图形准确地表达三维的形体，以及如何准确地理解二维图形所表达的三维形体，就是画法几何学要研究的主要问题。

画法几何学主要包括：投影的基本知识、点线面的投影及相互关系、立体的投影、轴测投影、组合体等几个方面。其内容主要研究投影的原理，是制图的理论基础。着重培养学生空间几何问题的想象、空间几何问题的分析、空间几何问题的表达等能力。

画法几何学要解决的问题包括图示法和图解法两部分。

图示法主要研究用投影法将空间几何元素（点、线、面）的相对位置及几何形体的形状表示在图纸平面上，同时必须可以根据平面上的图形完整无误地推断出空间表达对象的原形。即要在二维平面图形与空间三维形体之间建立起一一对应的关系。在工程施工和生产中常需要将实物绘制成图样，并根据图样组织生产和施工，这是工程图学要解决的基本任务。因而图示法必然成为工程图学的理论基础。

图解法主要研究在平面上用作图方法解决空间几何问题。确定空间几何元素的相对位置，如确定点、线、面的从属关系，求交点、交线的位置等，所有这些称为解决定位问题；而求几何元素间的距离、角度、实形等则属于解决度量问题。图解法具有直观、简便的优点，对于一般工程问题可以达到一定精度要求，对于有高精度要求的问题，可用图解与计算相结合的方法解决，综合两种方法的优点可使形象思维与抽象思维在认识中达到统一。

三、课程的任务和学习方法

1. 课程的任务

（1）学习投影法的基本理论，为绘制和应用各种工程图样打下理论基础。

（2）图示法：研究在平面上表达空间几何形体的方法。

（3）图解法：研究在平面上解答空间几何问题的方法。

（4）培养空间想象力和分析能力。

（5）培养认真负责的工作态度和严谨细致的工作作风。

2. 课程的学习方法

（1）联系的观点：画法几何、平面几何、立体几何同属几何学范畴，应联系起来学习。

（2）投影的观点：运用投影的方法，掌握投影的规律。

（3）想象的观点：会画图（将空间几何关系用投影的方法绘制到平面上）；会看图（绘制完成的平面图形应想象出空间立体的形状）。

（4）实践的观点：理论联系实际，独立完成一定的作业、练习。

总之，本课程的学习有一个鲜明的特点，就是用作图来培养空间逻辑思维和想象能力。即在学习的过程中，始终必须将平面上的投影与想象的空间几何元素结合起来。这种平面投影分析与空间形体想象的结合，是二维思维与三维思维间的转换。而这种转换能力的培养，只能逐步做到。首先，听课是学习课程内容的重要手段。课程中各章节的概念和难点，通过教师在课堂上形象地讲授，容易理解和接受。其次，必须认真地解题，及时完成一定数量的练习题，这样就有了一个量的积累。作图的过程是实现空间思维分析的过程，也是培养空间逻辑思维和想象能力的过程。只有通过解题、作图，才能检验是否真正地掌握了课堂上所学的内容。要密切联系与本课程有关的初等几何知识，着重训练二维与三维的图示和图解的相互转换。第三，由于本课程独特的投影描述，常表现为重叠的点、线，因而做题时的空间逻辑思维过程，无法一目了然地表现出来，时间久了很难回忆起，容易忘记。建议解题时，用文字将步骤记录下来，对照复习，这样才能温故知新，熟练掌握所学的内容。

计算机应用技术的日臻成熟，也极大地促进了画法几何学的发展，计算机图形学的兴起开创了图学应用和发展的新纪元。以计算机图形学为基础的计算机辅助设计（CAD）技术，推动了几乎所有领域的设计革命。设计者可以在计算机所提供的虚拟空间中进行构思设计，设计的"形"与生产的"物"之间，是以计算机的"数"进行交换的，亦即以计算机中的数据取代了图纸中的图样，这种三维的设计理念对传统的二维设计方法带来了强烈的冲击，也是今后工程应用发展的方向。

值得一提的有两点：一是计算机的广泛应用，并不意味着可以取代人的作用；二是 CAD/CAPP/CAM 一体化，实现无纸生产，并不等于无图生产，而且对图提出了更高的要求。计算机的广泛应用，CAD/CAPP/CAM 一体化，技术人员可以用更多的时间进行创造性的设计工作，而创造性的设计离不开运用图形工具进行表达、构思和交流。所以，随着 CAD 和无纸生产的发展，图形的作用不仅不会削弱，反而显得更加重要。因此，作为从事工程的技术人员，掌握画法几何学的知识是必不可少的。

第一章　投影的基本知识

画法几何学的基本方法是投影法，其基本思想是通过物体在平面上的投影来认识和表达物体的形状、位置及相互关系。我们生活在一个三维空间中，点、线、面是空间的几何元素，它们没有大小、宽窄、厚薄，由它们构成的空间形状叫做形体。将空间的三维形体转变为平面的二维图形是通过投影法来实现的。

第一节　投影的概念及分类

一、基本概念

在日常生活中，有一种常见的自然现象：当光线照在物体上时，地面或墙面上必然会产生影子，这就是投影的现象。这种影子只能反映物体的外形轮廓，不能反映内部情况。人们在这种自然现象的基础上，对影子的产生过程进行了科学的抽象，即把光线抽象为投射线，把物体抽象为形体，把地面抽象为投影面，于是就创造出投影的方法。当投射线投射到形体上时，就在投影面上得到了形体的投影，这个投影称为投影图，如图1-1所示。

投射线、投影面、形体（被投影对象）是产生投影的三要素。

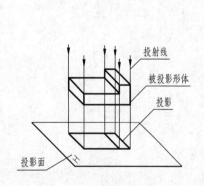

图1-1　投影的形成

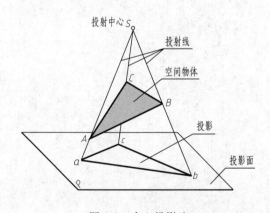

图1-2　中心投影法

如图1-2所示，设定平面 P 为投影面，不属于投影面的定点 S（如光源）为投射中心，投射线均由投射中心发出。通过空间点 A 的投射线与投影面 P 相交于点 a，则 a 称作空间点 A 在投影面 P 上的投影。同样，b 也是空间点 B 在投影面 P 上的投影，c 也是空间点 C 在投影面 P 上的投影。

这种按几何法则将空间物体表示在平面上的方法称为投影法。

二、投影法分类

1. 中心投影法

当所有投射线都通过投射中心时，这种对形体进行投影的方法称为中心投影法，见图1-2。用中心投影法所得到的投影称为中心投影。由于中心投影法的各投射线对投影面的倾角不同，因而得到的投影与被投影对象在形状和大小上有着比较复杂的关系。

2. 平行投影法

若将投射中心移向无穷远处，则所有的投射线变成互相平行，这种对形体进行投影的方法称为平行投影法，如图1-3所示。平行投影法又分为斜投影法和正投影法两种。

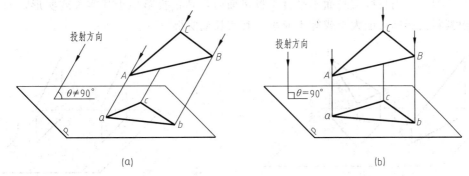

图1-3 平行投影法

（1）斜投影法 平行投影法中，当投射线倾斜于投影面时，这种对形体进行投影的方法称为斜投影法，如图1-3（a）所示。用斜投影法所得到的投影称为斜投影。由于投射线的方向以及投射线与投影面的倾角 θ 有无穷多种情况，故斜投影也可绘出无穷多种；但当投射线的方向和 θ 一定时，其投影是唯一的。

（2）正投影法 平行投影法中，当投射线垂直于投影面时，这种对形体进行投影的方法称为正投影法，如图1-3（b）所示。用正投影法所得到的投影称为正投影。由于平行投影是中心投影的特殊情况，而正投影又是平行投影的特殊情况，因而它的规律性较强，所以工程上常把正投影作为工程图的绘图方法。

第二节 投影的几何性质

画法几何及投影法主要研究空间几何原形与其投影之间的对应关系，即研究它们之间内在联系的规律性。研究投影的基本性质，目的是找出空间几何元素本身与其在投影面上投影之间的内在联系，即研究在投影图上哪些空间几何关系保持不变，而哪些几何关系有了变化和怎样的变化，尤其是要掌握那些不变的关系，作为画图和看图的基本依据。以下的几种性质是在正投影的情况下讨论的，其实也适用于斜投影的情况。

（1）显实性 当直线段或平面平行于投影面时，其投影反映实长或实形，如图1-4所示。

（2）积聚性 当直线或平面垂直于投影面时，其投影积聚为一点或一直线，如图1-5所示。

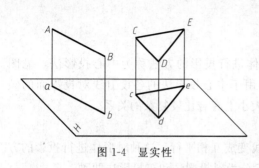

图1-4 显实性

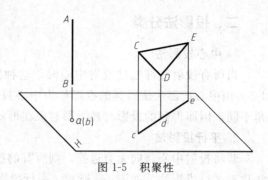

图1-5 积聚性

（3）类似性 当直线或平面不平行于投影面时，其正投影小于其实长或实形，如图1-6所示。但其斜投影则可能大于或等于或小于其实长或实形。

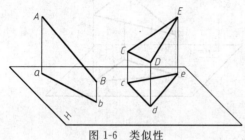

图1-6 类似性

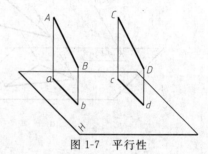

图1-7 平行性

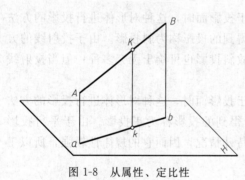

图1-8 从属性、定比性

（4）平行性 当空间两直线互相平行时，它们的投影一定互相平行，而且它们的投影长度之比等于空间长度之比，如图1-7所示。

（5）从属性 属于直线上的点，其投影必从属于该直线的投影，如图1-8所示。

（6）定比性 点在直线上，点分线段的比例等于该点的投影分线段的投影所成的比例，如图1-8所示。

上述规律，均可用初等几何的知识得到证明。

第三节 工程上常用的几种投影方法

1. 多面正投影法

多面正投影法是采用正投影法将空间几何元素或形体分别投影到相互垂直的两个或两个以上的投影面上，然后按一定规律将获得的投影排列在一起，从而得出投影图的方法。用正投影法所绘制的投影图称为正投影图。

图1-9（a）所示是把一个物体分别向三个相互垂直的投影面 H、V、W 作正投影的情形；图1-9（b）所示是将物体移走后，将投影面连同物体的投影展开到一个平面上的方法；如图1-9（c）所示是去掉投影面边框后得到的三面投影图。

正投影图能反映物体的真实形状。绘制时度量方便，所以是工程界最常用的一种投影图。其缺点是直观性较差，看图时必须几个投影互相对照，才能想象出物体的形状，因而没有学习过制图的人不易读懂。

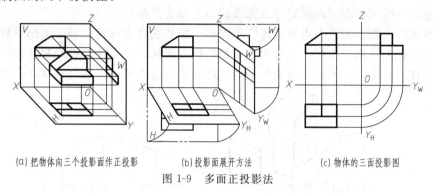

(a) 把物体向三个投影面作正投影　　(b) 投影面展开方法　　(c) 物体的三面投影图

图 1-9　多面正投影法

2. 轴测投影法

轴测投影法是一种平行投影法，它是一种单面投影。这一方法是把空间形体连同确定该形体位置的直角坐标系一起沿不平行于任一坐标平面的方向平行地投射到某一投影面上，从而得出其投影图的方法。用此法所绘制的投影图称为轴测投影图，简称轴测图。

如图 1-10（a）所示，就是把一个物体连同所选定的直角坐标体系按投射方向 S 投射到一个称为轴测投影面的平面 P 上，这样，在平面 P 上就得到了一个具有立体感的轴测图；如图 1-10（b）所示就是去掉投影面边框后得到的轴测图。

轴测图虽然能同时反映物体三个方向的形状，但不能同时反映各表面的真实形状和大小，所以度量性较差，绘制不便。轴测图以其良好的直观性，经常用作图书、产品说明书中的插图或工程图样中的辅助图样。

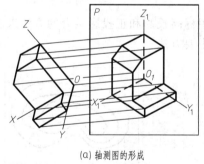

(a) 轴测图的形成　　　　　　　(b) 物体的轴测图

图 1-10　轴测投影法

3. 透视投影法

透视投影法属于中心投影法，而且也是一种单面投影。这一方法是由视点把物体按中心投影法投射到画面上，从而得出该物体投影图的方法。用此法所绘制的投影图称为透视投影图，简称透视图。

如图 1-11（a）所示是一个建筑物透视图的形成过程，而图 1-11（b）则是该建筑物的透视图。

用透视投影法绘制的图形与人们日常观看物体所得的形象基本一致，符合近大远小的视觉效果。工程中常用此法绘制外部和内部的表现图。但这种方法的手工绘图过程较繁杂，而且根据图形一般不能直接度量。

透视图按主向灭点可分为：一点透视（心点透视、平行透视）、两点透视（成角透视）和三点透视。

三点透视一般用于表现高大的建筑物或其他大型的产品设备。

透视投影广泛用于工艺美术及宣传广告图样。虽然它直观性强，但由于作图复杂且度量性差，故在工程上只用于土建工程及大型设备的辅助图样。若用计算机绘制透视图，可避免人工作图过程的复杂性。因此，在某些场合广泛地采用透视图，以取其直观性强的优点。

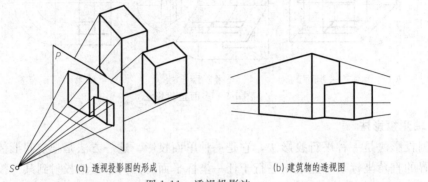

(a) 透视投影图的形成　　　　　　　　(b) 建筑物的透视图

图 1-11　透视投影法

4. 标高投影法

标高投影法也是一种单面投影。这一方法是用一系列不同高度的水平截平面剖切形体，然后依次作出各截面的正投影，并用数字把形体各部分的高度标注在该投影上，该投影图称为标高投影图。

如图 1-12 所示，取高差为 10m 的一系列水平面与山峰相交，得到一系列等高线，并将这些曲线投影到水平面上，即为标高投影图。标高投影常用来表示不规则曲面，如船舶、飞行器、汽车曲面以及地形等。

对于某些复杂的工程曲面，往往是采用标高投影和正投影结合的方法来表达。标高投影法是绘制地形图和土工结构物的投影图的主要方法。

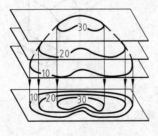 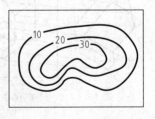

(a) 曲面标高投影图的形成　　　　　　　(b) 曲面的标高投影图

图 1-12　标高投影法

第四节　正投影图及其特性

一、正投影图的形成

用正投影法所绘制的投影图称为正投影图。

（1）**形体的单面投影图**　将形体向一个投影面作正投影，所得到的投影图称为形体的单面投影图。形体的单面投影图不能反映形体的真实形状和大小，也就是说，根据单面投影图不能唯一确定一个形体的空间形状，如图 1-13 所示。

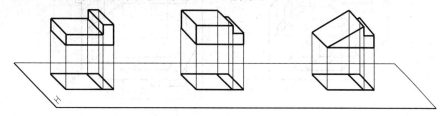

图 1-13　形体的单面投影

（2）**形体的两面投影图**　将形体向互相垂直的两个投影面作正投影，所得到的投影图称为形体的两面投影图。根据两个投影面上的投影图来分析空间形体的形状时，有些情况下得到的答案也不是唯一的，如图 1-14 所示。

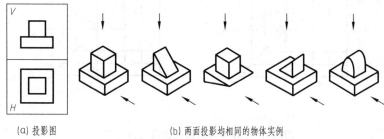

(a) 投影图　　　　　　(b) 两面投影均相同的物体实例

图 1-14　形体的两面投影

（3）**形体的三面投影图**　将形体向互相垂直的三个投影面作正投影，所得到的投影图称为形体的三面投影图。这是工程实践中最常用的投影图。

如图 1-15（a）所示，就是把一个形体分别向三个相互垂直的投影面 H、V、W 作正投影的情形，如图 1-15（b）、（c）所示是将物体移走后，将投影面连同物体的投影展开到一个平面上的方法；如图 1-15（d）所示，是去掉投影面边框后得到的三面投影图。

按多面投影法绘图不但简便，而且易于度量，所以在工程上应用最为广泛。这种图示法的缺点是所绘的图形直观性较差。

工程制图标准中规定：物体的可见轮廓线画成粗实线，不可见轮廓线画成虚线。

二、正投影图的特性

（1）由图 1-15、图 1-16（b）可以看出，形体的三面投影之间存在着一定的联系：正面投影和水平投影具有相同的长度，正面投影和侧面投影具有相同的高度，水平投影与侧面投影具有相同的宽度。因此，常用"长对正，高平齐，宽相等"概括形体三面投影的规律，简称"三等关系"。上述投影规律对形体的整体尺寸、局部尺寸、每个点都适用。因此，作图时，可以画出水平联系线，以保证正面投影与侧面投影等高；画出铅垂联系线，以保证水平投影与正面投影等长；利用 45°辅助线或圆弧作图，以保证侧面投影与水平投影等宽。

（2）由图 1-16（a）可以看到，空间形体有上、下、左、右、前、后六个方向，它们在三面投影图中也能够准确地反映出来，如图 1-16（c）所示。在投影图上正确识别形体的方向，对读图非常有帮助。

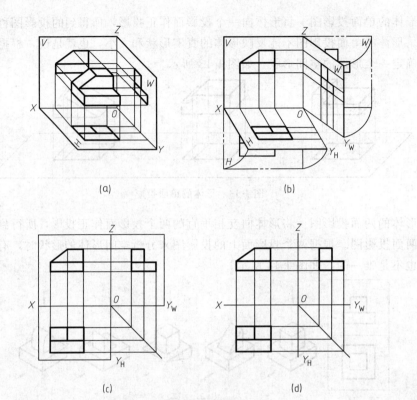

(a)

(b)

(c)

(d)

图 1-15　形体的三面投影及展开过程

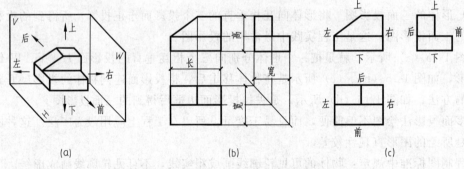

(a)

(b)

(c)

图 1-16　形体的方向及三面投影规律

第二章 点 的 投 影

任何物体的表面总是由点、线和面围成的,要画出物体的正投影图,必须要研究组成物体的基本几何元素的投影特性和画图方法。点是最基本的几何元素。若没有特殊指明时,后面所提到的"投影"均是正投影。

第一节 点的投影及投影规律

一、点在两投影面体系中的投影

由前面介绍可知:根据点的一个投影,不能唯一确定点的空间位置。因此,确定一个空间点至少需要两个投影。在工程制图中通常选取相互垂直的两个或多个平面作为投影面,将几何形体向这些投影面作投影,形成多面投影。

1. 两投影面体系的建立

如图 2-1 所示,建立两个相互垂直的投影面 H、V,H 面是水平放置的,V 面是正对着观察者直立放置的,两投影面相交,交线为 OX。

V、H 两投影面组成两投影面体系,并将空间分成了四个部分,每一部分称为一个分角。它们在空间的排列顺序为 I、II、III、IV,如图 2-1 所示。

我国的国家标准规定将形体放在第一分角进行投影,因此本书主要介绍第一分角投影。

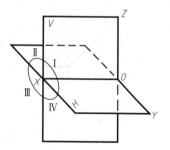

图 2-1 两投影面体系

2. 点的投影规律

(1)术语及规定

① 术语 如图 2-2 (a) 所示。

水平放置的投影面称为水平投影面,用 H 表示,简称 H 面。

正对着观察者与水平投影面垂直的投影面称为正立投影面,用 V 表示,简称 V 面。

两投影面的交线称为投影轴,V 面与 H 面的交线用 OX 表示。

空间点用大写字母(如 A、B…)表示。

在水平投影面上的投影称为水平投影,用相应的小写字母(如 a、b…)表示。

在正立投影面上的投影称为正面投影,用相应的小写字母加一撇(如 a'、b'…)表示。

② 规定 图 2-2 (a) 为点 A 在两投影面体系的投影直观图。空间点用空心小圆圈表示。

为了使点 A 的两个投影 a、a' 表示在同一平面上,规定 V 面保持不动,H 面绕 OX 轴

按图示的方向旋转 $90°$ 与 V 面重合。这种旋转摊平后的平面图形称为点 A 的投影图，如图 2-2（b）所示。投影面的范围可以任意大，为了简化作图，通常在投影图上不画它们的界线，只画出两投影和投影轴 OX，如图 2-2（c）所示。投影图上两个投影之间的连线（如 a、a' 的连线）称为投影连线，也叫联系线。在投影图中，投影连线（联系线）用细实线画出，点的投影用空心小圆圈表示。

（2）点的两面投影 设在第一分角内有一点 A，如图 2-2（a）所示。由点 A 分别向 H 面和 V 面作垂线 Aa、Aa'，其垂足 a 称为空间点 A 的水平投影，垂足 a' 称为空间点 A 的正面投影。如果移去点 A，过水平投影 a 和正面投影 a' 分别作 H 面和 V 面的垂线 Aa 和 $a'A$，两垂线必交于 A 点。因此，根据空间点的两面投影，可以唯一确定空间点的位置。

图 2-2（c）是点 A 的两面投影。

通常采用图 2-2（c）所示的两面投影图来表示空间的几何原形。

（3）点的投影规律

① 点 A 的正面投影 a' 和水平投影 a 的连线必垂直于 OX 轴，即 $aa' \perp OX$。

在图 2-2（a）中，垂线 Aa 和 Aa' 构成了一个平面 Aaa_Xa'，它垂直于 H 面，也垂直于 V 面，则必垂直于 H 面和 V 面的交线 OX。所以平面 Aaa_Xa' 上的直线 aa_X 和 $a'a_X$ 必垂直于 OX，即 $aa_X \perp OX$，$a'a_X \perp OX$。当 a 随 H 面旋转至与 V 面重合时，$aa_X \perp OX$ 的关系不变。因此投影图上的 a、a_X、a' 三点共线，且 $aa' \perp OX$。

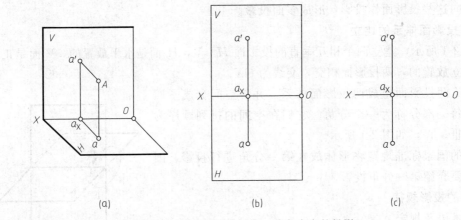

(a)　　　　　　　(b)　　　　　　　(c)

图 2-2 两投影面体系第一分角中点的投影

② 点 A 的正面投影 a' 到 OX 轴的距离等于点 A 到 H 面的距离，即 $a'a_X = Aa$；其水平投影 a 到 OX 轴的距离等于点 A 到 V 面的距离，即 $aa_X = Aa'$。

由图 2-2（a）可知，Aaa_Xa' 为一矩形，其对边相等，所以 $a'a_X = Aa$，$aa_X = Aa'$。

二、点在三投影面体系中的投影

点的两个投影虽已能确定点在空间的位置，在表达复杂的形体或解决某些空间几何关系问题时，还常需采用三个投影图或更多的投影图。

1. 三投影面体系的建立

由于三投影面体系是在两投影面体系的基础上发展而成，因此两投影面体系中的术语、规定及投影规律，在三投影面体系中仍然适用。此外，它还有些术语、规定和投影规律。

（1）术语　与水平投影面和正立投影面同时垂直的投影面称为侧立投影面，用 W 表示，简称 W 面。

在侧立投影面上投影称为侧面投影，用小写字母加两撇（如 a''、$b''\cdots$）表示。

H 面和 W 面的交线用 OY 表示，称为 OY 轴。

V 面与 W 面的交线用 OZ 表示，称为 OZ 轴。

三投影轴垂直相交的交点用 O 表示，称为投影原点。

H、V、W 三投影面将空间分为八个分角，其排列顺序如图 2-3 所示。

（2）规定　投影面展开时，仍规定 V 面保持不动，W 面绕 OZ 轴向右旋转 $90°$ 与 V 面重合。OY 轴一分为二，随 H 面向下转动的用 OY_H 表示，称为 OY_H 轴，随 W 面向右转动的用 OY_W 表示，称为 OY_W 轴，如图 2-4（b）所示。

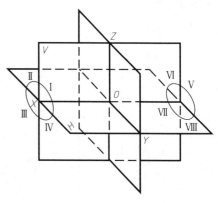

图 2-3　三投影面体系

2. 点的三面投影及其投影规律

（1）点的三面投影　仍介绍点在第一分角内的投影。

如图 2-4（a）所示，设第一分角内有一点 A。自点 A 分别向 H、V、W 面作垂线 Aa、Aa'、Aa''，其垂足 a、a'、a'' 即为点 A 在三个投影面上的投影。

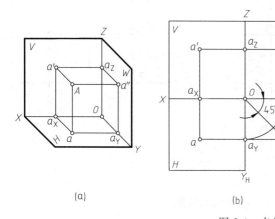

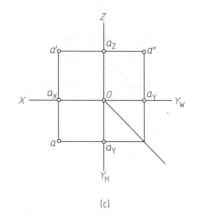

（a）　　　　　　　　　（b）　　　　　　　　　（c）

图 2-4　点的三面投影

将三个投影面按规定展开［见图 2-4（b）］，展成同一平面并取消投影面边界线后，就得到点 A 的三面投影图，如图 2-4（c）所示。但必须明确，OY_H 与 OY_W 在空间是指同一投影轴。

（2）点的投影规律　图 2-4 所示的三投影面体系可看成是两个互相垂直的两投影面体系，一个是由 V 面和 H 面组成，另一个由 V 面和 W 面组成。根据前述的两投影面体系中点的投影规律，便可得出点在三投影面体系中的投影规律如下：

① 点 A 的正面投影 a' 和水平投影 a 的连线垂直于 OX 轴，即 $aa'\perp OX$。

② 点 A 的正面投影 a' 和侧面投影 a'' 的连线垂直于 OZ 轴，即 $a'a''\perp OZ$。

③ 点 A 的水平投影 a 到 OX 轴的距离 aa_X 与点 A 的侧面投影 a'' 到 OZ 轴的距离 $a''a_Z$

相等，均反映点 A 到 V 面的距离，即 $aa_X = a''a_Z$ ［图 2-4 （a）］。

可见，点的投影规律与三面投影的规律"长对正，高平齐，宽相等"是完全一致的。

用作图方法表示 a 与 a'' 的关联时，可以用 $aa_X = a''a_Z$；也可以原点 O 为圆心，以 Oa_Y 为半径作圆弧求得；或自点 O 作 $45°$ 辅助线求得，如图 2-4 （b）所示。

当点位于三投影面体系中其他分角内时，这些基本规律同样适用。只是位于不同分角内点的三面投影对投影轴的位置各不相同，具体分布情况以及投影特点，读者可自行分析。

【例 2-1】 如图 2-5 （a）所示，已知空间点 A 的正面投影 a' 和水平投影 a，求作该点的侧面投影 a''。

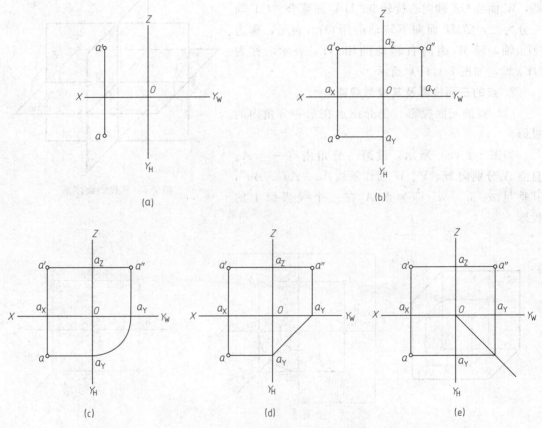

图 2-5　由点的两个投影求作第三投影

分析： 已知点的两面投影求作点的第三面投影，利用的是点的投影规律。本例已知点的正面和水平投影求作侧面投影，要用到"宽相等"，即点到 V 面的距离。共有四种作图方法。

作图步骤：

（1）方法一：由 a' 作 OZ 轴的垂线与 OZ 轴交于 a_Z，在此垂线上自 a_Z 向前量取 $a_Za'' = aa_X$，则得到点 A 的侧面投影 a''，如图 2-5 （b）所示。

（2）方法二：由 a' 作 OZ 轴的垂线与 OZ 轴交于 a_Z，并延长；过 a 作 OY_H 轴垂线与 OY_H 轴交得 a_Y 点；以 O 为圆心，以 Oa_Y 长为半径画弧与 OY_W 轴相交得 a_Y 点；过 a_Y 作 OY_W 轴垂线与过 a' 所作 OZ 轴垂线的延长线相交，即得点 A 的侧面投影 a''，如图 2-5 （c）所示。

（3）方法三：由 a' 作 OZ 轴的垂线与 OZ 轴交于 a_Z，并延长；过 a 作 OY_H 轴垂线与 OY_H 轴相交得 a_Y 点；过 a_Y 点，作与 OY_H 轴成 $45°$ 直线，与 OY_W 轴相交得 a_Y 点；过 a_Y 作 OY_W 轴垂线与过 a' 所作 OZ 轴垂线的延长线相交，即得点 A 的侧面投影 a''，如图 2-5（d）所示。

（4）方法四：作 $Y_H OY_W$ 的角平分线（$45°$ 直线）；过 a' 作 OZ 轴的垂线与 OZ 轴交于 a_Z，并延长；过 a 作 OY_H 轴垂线与 OY_H 轴相交于 a_Y 点，延长与 $45°$ 角平分线相交；过交点作 OY_W 轴垂线与 OY_W 轴相交得 a_Y 点；过 a_Y 作 OY_W 轴垂线与过 a' 所作 OZ 轴垂线的延长线相交，即得点 A 的侧面投影 a''，如图 2-5（e）所示。

3. 投影面和投影轴上点的投影

如图 2-6（a）所示，点 A 在 V 面上，点 B 在 H 面上，点 C 在 W 面上，图 2-6（b）是投影图，从图中可以看出投影面上的点的投影规律：

点在所在的投影面上的投影与空间点重合，在另外两个投影面上的投影分别在相应的投影轴上。

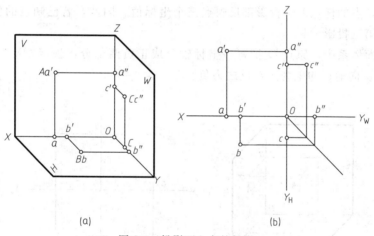

图 2-6 投影面上点的投影

如图 2-7（a）所示，点 A 在 OX 轴上，点 B 在 OY 轴上，点 C 在 OZ 轴上，图 2-7（b）是投影图，从图中可以看出投影轴上的点的投影规律：

点在包含这条投影轴的两个投影面上的投影与空间点重合，在另一投影面上的投影与投影原点重合。

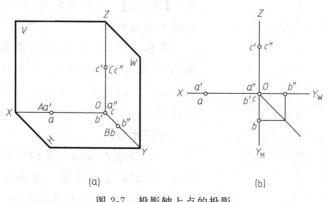

图 2-7 投影轴上点的投影

第二节　点的投影与直角坐标的关系

如图 2-8（a）所示，如果把三投影面体系看作空间直角坐标系，三投影面为直角坐标面，投影轴为坐标轴，投影原点为坐标原点，则空间点 A 到三个投影面的距离可用它的直角坐标（x，y，z）表示。空间点 A 到 W 面的距离就是点 A 的 x 坐标；点 A 到 V 面的距离就是点 A 的 y 坐标；点 A 到 H 面的距离就是点 A 的 z 坐标。

由于空间点 A 的位置可由它的坐标值（x，y，z）唯一确定，因而点 A 的三个投影也完全可用坐标确定，二者之间的关系如下：

水平投影 a 可由 x，y 两坐标确定。

正面投影 a' 可由 x，z 两坐标确定。

侧面投影 a'' 可由 y，z 两坐标确定。

从上可知，点的任意两个投影都反映点三个坐标值。因此，若已知点的任意两个投影，就必能作出其第三投影。

在三投影面体系中，原点 O 把每一坐标轴分成正负两部分，规定 OX、OY、OZ 从原点 O 分别向左、向前、向上为正，反之为负。

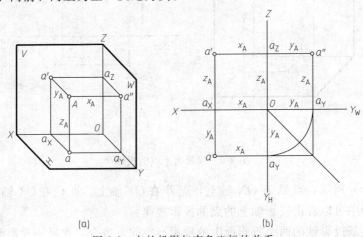

(a) (b)

图 2-8　点的投影与直角坐标的关系

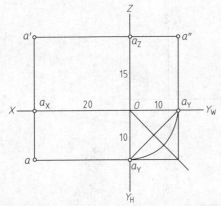

图 2-9　由点的坐标求作点的三面投影

【例 2-2】 已知空间点 A（20，10，15），求作它的三面投影图。

分析：利用点的投影与直角坐标的关系求解。点 A 的 X 坐标为 20mm，Y 坐标为 10mm，Z 坐标为 10mm。按照 1：1 的比例，在投影轴上截取实际长度即可。

作图步骤：

（1）由原点 O 向左沿 OX 轴量取 20mm 得 a_X，过 a_X 作 OX 轴的垂线，在垂线上自 a_X 向前量取 10mm 得 a，向上量取 15mm 得 a'；

（2）过 a' 作 OZ 轴的垂线交 OZ 轴于 a_Z，在此垂线上自 a_Z 向右量取 10mm 得 a''（也可按其他方法求得），如图 2-9 所示。

第三节 空间点的相对位置

空间两点的相对位置指空间两点的上下、前后、左右的位置关系。这种位置关系可通过两点的各同面投影之间的坐标大小来判断。

点的 x 坐标表示该点到 W 面的距离，因此根据两点 x 坐标值的大小可以判别两点的左右位置；同理，根据两点的 z 坐标值的大小可以判别两点的上下位置；根据两点的 y 坐标值的大小可以判别两点的前后位置。

如图 2-10 所示，点 B 的 x 坐标小于点 A 的 x 坐标，点 B 的 y 坐标大于点 A 的 y 坐标，点 B 的 z 坐标小于点 A 的 z 坐标，所以，点 B 在点 A 的右、前、下方。

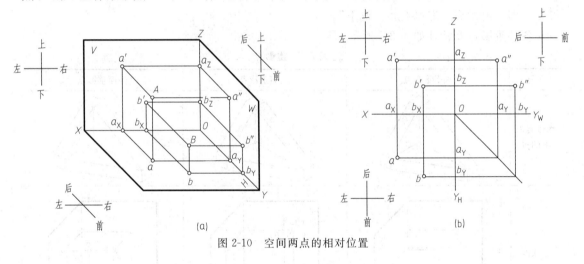

图 2-10 空间两点的相对位置

第四节 重影点及可见性

如果空间两点恰好位于某一投影面的同一条垂直线上，则这两点在该投影面上的投影就会重合为一点。把在某一投影面上投影重合的两个点，称为该投影面的重影点。

如图 2-11（a）所示，A、B 两点的 x、z 坐标相等，而 y 坐标不等，则它们的正面投影重合为一点，所以 A、B 两个点就是 V 面的重影点。同理，C、D 两点的水平投影重合为一点，所以 C、D 两个点就是 H 面的重影点。在投影图中往往需要判断并标明重影点的可见性。如 A、B 两点向 V 面投射时，由于点 A 的 y 坐标大于点 B 的 y 坐标，即点 A 在点 B 的前方，所以，点 A 的 V 面投影 a' 可见，点 B 的 V 面投影 b' 不可见。通常在不可见的投影标记上加括号表示。如图 2-11（b）所示，A、B 两点的 V 面投影为 $a'(b')$。

同理，图 2-11（a）中的 C、D 两点是 H 面的重影点，其 H 面的投影为 $c(d)$，如图 2-11（b）所示。由于点 C 的 z 坐标大于点 D 的 z 坐标，即点 C 在点 D 的上方，故点 C 的

H 面投影 c 可见，点 D 的 H 面投影 d 不可见，其 H 面投影为 $c(d)$。

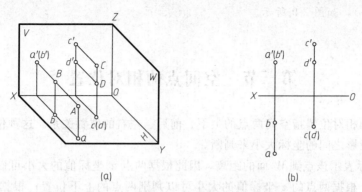

图 2-11　重影点

　　由此可见，当空间两点有两对坐标对应相等时，则此两点一定为某一投影面的重影点；而重影点的可见性是由不相等的那个坐标决定的：坐标大的投影为可见，坐标小的投影为不可见，即"前遮后，左遮右，上遮下"。

　　各种重影点及特性如表 2-1 所示。

表 2-1　重影点

名称	水平重影点	正面重影点	侧面重影点
物体表面上的点			
立体图			
投影图			
投影特性	①正面投影和侧面投影反映两点的上下位置，上面一点可见，下面一点不可见 ②两点水平投影重合，不可见的点 B 的水平投影用 (b) 表示	①水平投影和侧面投影反映两点的前后位置，前面一点可见，后面一点不可见 ②两点正面投影重合，不可见的点 B 的正面投影用 (b') 表示	①水平投影和正面投影反映两点的左右位置，左面一点可见，右面一点不可见 ②两点侧面投影重合，不可见的点 B 的侧面投影用 (b'') 表示

第三章　直线的投影

第一节　直线的投影概述

直线常用线段的形式来表示，在不考虑线段本身的长度时，也常把线段称为直线。因为两点可以确定一条直线，所以只要作出直线两个端点的三面投影，然后用直线连接两个端点的同面投影，就可作出直线的三面投影。

直线的投影一般仍为直线。如图 3-1（a）所示，已知直线 AB 两个端点 A 和 B 的三面投影，则连线 ab、$a'b'$、$a''b''$，就是直线 AB 的三面投影，如图 3-1（b）所示，直线的投影用粗实线绘制。

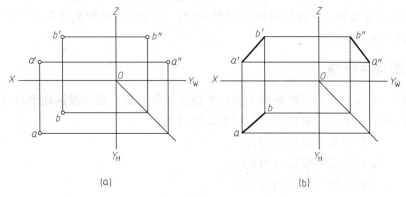

(a)　　　　　　　　　　(b)

图 3-1　直线的投影

第二节　直线对投影面的相对位置

直线按其与投影面相对位置的不同，可以分为：一般位置直线、投影面平行线和投影面垂直线，后两种直线统称为特殊位置直线。

一、一般位置直线

同时倾斜于三个投影面的直线称为一般位置直线。空间直线与投影面之间的夹角称为直线对投影面的倾角。直线对 H 面的倾角用 α 表示，直线对 V 面的倾角用 β 表示，直线对 W 面的倾角用 γ 表示。

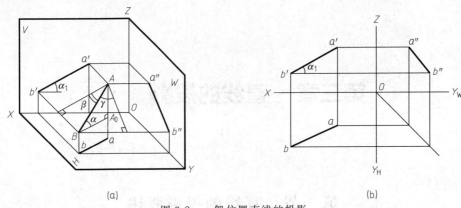

(a)　　　　　　　　　　　　　　　　　(b)

图 3-2　一般位置直线的投影

从图 3-2（a）所示的几何关系可知，它们可用空间直线与该直线在各投影面上的投影之间的夹角来度量。即倾角 α 是直线 AB 与其水平投影 ab 之间的夹角；倾角 β 是直线 AB 与其正面投影 $a'b'$ 之间的夹角；倾角 γ 是直线 AB 与其侧面投影 $a''b''$ 之间的夹角。一般位置直线的投影与投影轴之间的夹角不反映 α、β、γ 的真实大小，如图 3-2（b）所示中的 α_1 不等于 α。

直线 AB 的各个投影长度分别为：$ab = AB\cos\alpha$；$a'b' = AB\cos\beta$；$a''b'' = AB\cos\gamma$。如图 3-2（a）所示。一般位置直线的投影特征为：

① 一般位置直线的三个投影均为直线，而且投影长度都小于线段的实长。

② 一般位置直线的三个投影都倾斜于投影轴，且与投影轴的夹角均不反映空间直线与投影面倾角的真实大小。

二、投影面平行线

平行于某一个投影面，同时倾斜于另两个投影面的直线，称为投影面平行线。根据直线对所平行的投影面的不同，有以下三种投影面平行线：

水平线——平行于水平投影面的直线；

正平线——平行于正立投影面的直线；

侧平线——平行于侧立投影面的直线。

表 3-1　投影面平行线投影特性

名称	水平线	正平线	侧平线
物体表面上的线			
立体图			

续表

名称	水平线	正平线	侧平线
投影图			
投影特性	①$ab=AB$ ②$a'b' /\!/ OX$,$a''b'' /\!/ OY_W$ ③ab 与 OX 所成的 β 角等于 AB 与 V 面所成的倾角;ab 与 OY_H 所成的 γ 角等于 AB 与 W 面所成的倾角	①$c'd'=CD$ ②$cd /\!/ OX$;$c''d'' /\!/ OZ$ ③$c'd'$ 与 OX 所成的 α 角等于 CD 与 H 面的倾角;$c'd'$ 与 OZ 所成的 γ 角等于 CD 与 W 面的倾角	①$e''f''=EF$ ②$e'f' /\!/ OZ$;$ef /\!/ OY_H$ ③$e''f''$ 与 OY_W 所成的 α 角等于 EF 与 H 面的倾角;$e''f''$ 与 OZ 所成的 β 角等于 EF 与 V 面的倾角
共性	①直线在其所平行投影面的投影反映直线的实长(显实性),该投影与相应投影轴的夹角反映直线与另外两个投影面的倾角 ②直线在另外两个投影面的投影平行于该直线所平行投影面的坐标轴,且均小于直线的实长		

以水平线 AB 为例,如表 3-1 所示,由于 AB 线平行于水平投影面,即对 H 面的倾角 $\alpha=0$,即 AB 线上各点至 H 面的距离相等。因此,水平线的投影特征为:

① 水平投影反映线段的实长,即 $ab=AB$;

② 水平投影与 OX 轴的夹角等于该直线对 V 面的倾角 β,与 OY_H 的夹角等于该直线对 W 面的倾角 γ;

③ 其余两个投影分别平行于相应的投影轴,投影长度都小于线段的实长,即 $a'b' /\!/ OX$,$a''b'' /\!/ OY_W$;$a'b'<AB$,$a''b''<AB$。

正平线和侧平线也具有类似的投影特征,见表 3-1。

三种投影面平行线的共性是:直线在它所平行的投影面上的投影反映直线的实长,同时反映直线与其他两个投影面的倾角;直线的另两个投影分别平行于相应的投影轴,其投影长度都比实长短。

三、投影面垂直线

垂直于某一投影面,同时平行于另两个投影面的直线,称为投影面垂直线。根据直线对所垂直的投影面的不同,有以下三种投影面垂直线:

铅垂线——垂直于水平投影面的直线;

正垂线——垂直于正立投影面的直线;

侧垂线——垂直于侧立投影面的直线。

表 3-2 投影面垂直线投影特性

名称	铅垂线	正垂线	侧垂线
物体表面上的线			

名称	铅垂线	正垂线	侧垂线
立体图			
投影图			
投影特性	①$a(b)$积聚为一点 ②$a'b' \perp OX$，$a''b'' \perp OY_W$ ③$a'b' = a''b'' = AB$	①$c'(b')$积聚为一点 ②$cb \perp OX$，$c''b'' \perp OZ$ ③$cb = c''b'' = CB$	①$d''(b'')$积聚为一点 ②$db \perp OY_H$，$d'b' \perp OZ$ ③$db = d'b' = DB$
共性	①直线在其所垂直的投影面的投影积聚为一点（积聚性） ②直线在另外两个投影面的投影反映直线的实长（显实性），并且垂直于相应的投影轴		

以铅垂线 AB 为例，如表 3-2 所示，由于 AB 线垂直于水平投影面，则必同时平行于正立投影面和侧立投影面，因此，铅垂线的投影特征为：

① 水平投影积聚成一点，即 $a(b)$；

② 其余两个投影都平行于投影轴，且反映线段的实长，即 $a'b' \parallel OZ$，$a''b'' \parallel OZ$，$a'b' = a''b'' = AB$。

正垂线和侧垂线也具有类似的投影特征，见表 3-2。

三种投影面垂直线的共性是：直线在它所垂直的投影面上的投影积聚成一点；直线的另两个投影平行于同一根投影轴，并反映实长。

比较各种直线的投影特点，可以看出：如某直线的一个投影是点，其余两个投影平行于同一个投影轴，则该直线是投影面垂直线；如果一个投影是斜线，其余两个投影分别平行于两个相应的投影轴，则该直线是投影面平行线；如果三个投影都是斜线，则该直线是一般位置线。

我们还应该注意投影面平行线与投影面垂直线两者之间的区别。例如，铅垂线垂直于 H 面，且同时平行于 V 面和 W 面，但该直线不能称为正平线或侧平线，而只能称为铅垂线。

【例 3-1】 如图 3-3（a）所示，过 A 点作水平线 AB，实长为 20mm，与 V 面夹角为 $30°$，求出水平投影 ab，共有几个解？

分析：水平线的正面投影平行于 OX 轴。由于 a' 为已知，所以所求水平线的正面投影在过 a' 与 OX 轴平行的直线上。水平线的水平投影与 OX 轴的夹角就是水平线与 V 面夹角，

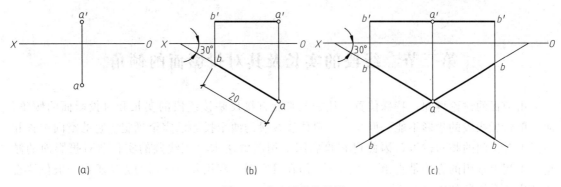

图 3-3　求水平线的投影

由于 a 为已知，所以过 a 作与 OX 轴夹角为 $30°$ 的直线，水平线的水平投影就在这条直线上。

作图步骤：

（1）过 a 作与 OX 轴夹角为 $30°$ 的直线（向左向右均可），在此线上截取 20mm，得 b，如图 3-3（b）所示；

（2）由 a' 作 OX 轴平行线（向左或向右与水平投影对应）；

（3）过 b 作联系线，与过 a' 作的 OX 轴平行线相交，得 b'；

（4）连线 $a'b'$、ab 即为所求，如图 3-3（c）所示。

如图 3-3（c）所示，本题有四个解答（在有多解的情况下，一般只要求作一解即可）。

四、投影面内直线

（1）投影面内直线，是上述两类直线的特殊情况。它具有投影面平行线或垂直线的投影特点。其特点是：在所在投影面的投影与直线本身重合，另外两个投影面的投影分别在相应的投影轴上。

如图 3-4 所示为一 V 面内的正平线 AB，其正面投影 $a'b'$ 与直线 AB 重合，水平投影 ab 和侧面投影 $a''b''$ 分别在 OX 轴与 OZ 上。

如图 3-5 所示为一 V 面内的铅垂线 CD，其正面投影 $c'd'$ 与直线 CD 重合，水平投影 cd 积聚成一点并在 OX 轴上，侧面投影 $c''d''$ 反映实长，并在 OZ 轴上。

（2）投影轴上直线，是更特殊的情况。这类直线必定是投影面的垂直线。其特点是：有两个投影与直线本身重合，另一投影积聚在原点上。如图 3-6 所示为 OX 轴上的直线 EF 的投影。

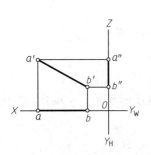

图 3-4　V 面内的正平线

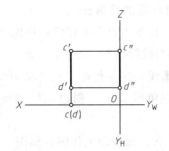

图 3-5　V 面内的铅垂线

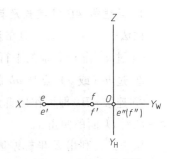

图 3-6　OX 上的直线

第三节　线段的实长及其对投影面的倾角

由前面的讨论可知，特殊位置直线的投影能直接反映该线段的实长和对投影面的倾角，而一般位置线段的投影不能。但是，一般位置线段的两个投影已完全确定了它的空间位置和线段上各点间的相对位置，因此可在投影图上用图解法求出该线段的实长和对投影面的倾角。工程上常用的方法是直角三角形法，即在投影图上利用几何作图的方法求出一般位置直线的实长和倾角的方法。

一、直角三角形法的作图原理

如图 3-7（a）所示为一般位置直线 AB 的直观图。图中过点 A 作 $AC \parallel ab$，构成直角三角形 ABC。该直角三角形的一直角边 $AC = ab$（即线段 AB 的水平投影）；另一直角边 $BC = Bb - Aa = Z_B - Z_A$（即线段 AB 的两端点的 Z 坐标差）。由于两直角边的长度在投影图上均已知，因此可以作出这个直角三角形，从而求得空间线段 AB 的实长和倾角 α 的大小。

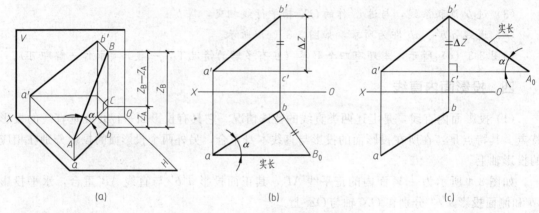

图 3-7　求一般位置线段的实长及倾角 α

二、直角三角形法的作图方法

直角三角形可在投影图上任何空白位置作出，但为了作图简便准确，一般常利用投影图上已有的图线作为其中的一条直角边。

1. 求线段 AB 的实长及其对 H 面的倾角 α

做法一：以 ab 为一直角边，在水平投影上作图，如图 3-7（b）所示。

① 过 a' 作 OX 轴的平行线与投影线 bb' 交于 c'，$b'c' = Z_B - Z_A$。

② 过 b（或 a）点作 ab 的垂线，并在此垂线上量取 $bB_0 = b'c' = Z_B - Z_A$。

③ 连接 aB_0 即可作出直角三角形 abB_0。斜边 aB_0 为线段 AB 的实长，$\angle baB_0$ 即为线段 AB 对 H 面的倾角 α。

做法二：利用 Z 坐标差值，在正面投影上作图，如图 3-7（c）所示。

① 过 a' 作 OX 轴的平行线与投影线 bb' 交于 c'，$b'c' = Z_B - Z_A$。

② 在 $a'c'$ 的延长线上，自 c' 在平行线上量取 $c'A_0 = ab$，得点 A_0。

③ 连接 $b'A_0$ 作出直角三角形 $b'c'A_0$。斜边 $b'A_0$ 为线段 AB 的实长，$\angle c'A_0b'$ 即为线段 AB 对 H 面的倾角 α。

显然这两种方法所作的两个直角三角形是全等的。

2. 求线段 AB 的实长及其对 V 面的倾角 β

如图 3-8（a）所示，求线段 AB 的实长及倾角 β 的空间关系。以线段 AB 的正面投影 $a'b'$ 为一直角边，以线段 AB 两端点前后方向的坐标差 Δy 为另一直角边（Δy 可由线段的 H 面投影或 W 面投影量取），作直角三角形，则可求出线段 AB 的实长和对 V 面的倾角 β，如图 3-8（b）所示。

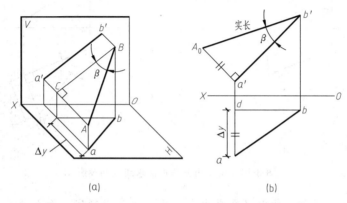

图 3-8　求一般位置线段的实长及倾角 β

具体作图步骤如下。

① 作 $bd \parallel OX$，得 ad，$ad = Y_A - Y_B$。

② 过 a'（或 b'）点作 $a'b'$ 的垂线，并在此垂线上量取 $a'A_0 = ad = Y_A - Y_B$。

③ 连接 $b'A_0$ 作出直角三角形 $a'b'A_0$。斜边 $b'A_0$ 为线段 AB 的实长，$\angle a'b'A_0$ 为线段 AB 对 V 面的倾角 β。

同理，利用线段的侧面投影和两端点的 X 坐标差作直角三角形，可求出线段的实长和对 W 面的倾角 γ。

由此可见，在直角三角形中有四个参数：投影、坐标差、实长、倾角，它们之间的关系如图 3-9 所示。利用线段的任意一个投影和相应的坐标差，均可求出线段的实长；但所用投影不同（H 面、V 面、W 面投影），则求得的倾角亦不同（对应的倾角分别为 α、β、γ）。

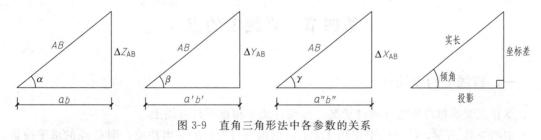

图 3-9　直角三角形法中各参数的关系

上述利用作直角三角形求线段实长和倾角的作图要领归结如下：

① 以线段在某投影面上的投影长为一直角边。

② 以线段的两端点相对于该投影面的坐标差为另一直角边（该坐标差可在线段的另一

投影上量得）。

③ 所作直角三角形的斜边即为线段的实长。

④ 斜边与线段投影的夹角为线段对该投影面的倾角。

【例3-2】 如图3-10所示，已知直线AB的水平投影ab，点A的正面投影a'，又知AB对H面的倾角$\alpha=30°$，试补全该直线的正面投影$a'b'$。

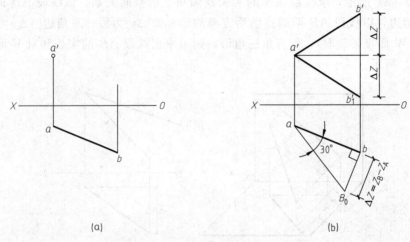

图 3-10　用直角三角形法求线段的投影

分析：由于a'为已知，所以只需求出b'，则$a'b'$可以确定。而b为已知，所以b'必在过b点的OX轴垂线上。因此，只需求出a'、b'两点的坐标差ΔZ，即可定出b'点的位置。而ΔZ可从已知的ab和$\alpha=30°$作出的直角三角形中求得。

作图步骤：

（1）由已知的ab和$\alpha=30°$作直角三角形abB_0，则$bB_0=Z_B-Z_A=\Delta Z$；

（2）由a'作OX轴平行线，由b作OX轴的垂直线，并由两直线的交点向上量取$bb_0=\Delta Z$，即得B点的正面投影b'；

（3）连接a'、b'即为所求，如图3-10（b）所示。

由于也可以向下量取bB_0得b'_1，则$a'b'_1$也为所求，故本题有两个解答（在有多解的情况下，一般只要求作一解即可）。

第四节　直线上的点

一、直线上的点简介

点和直线的相对位置有两种情况：点在直线上和点不在直线上。

如图3-11所示，C点位于直线AB上，根据平行投影的基本性质，则C点的水平投影c必在直线AB的水平投影ab上，正面投影c'必在直线AB的正面投影$a'b'$上，侧面投影c''必在直线AB的侧面投影$a''b''$上，而且$AC:CB=ac:cb=a'c':c'b'=a''c'':c''b''$。

因此，点在直线上，则点的各个投影必在直线的同面投影上，且点分直线长度之比等于

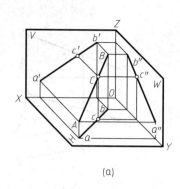

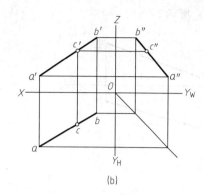

(a)　　　　　　　　　　(b)

图 3-11　直线上的点

点的投影分直线投影长度之比。反之，如果点的各个投影均在直线的同面投影上，且分直线各投影长度成相同之比，则该点一定在直线上。

在一般情况下，判定点是否在直线上，只需观察两面投影就可以了。例如图 3-12 给出的直线 AB 和 C、D 两点，点 C 在直线 AB 上，而点 D 就不在直线 AB 上。

但当直线为另一投影面的平行线时，还需补画第三个投影或用定比分点作图法才能确定点是否在直线上。如图 3-13（a）所示，点 K 的水平投影 k 和正面投影 k' 都在侧平线 AB 的同面投影上，要判断点 K 是否在直线 AB 上，可以采用两种方法。

方法一［如图 3-13（b）所示］：作出直线 AB 及点 K 的侧面投影。因 k'' 不在 $a''b''$ 上，所以点 K 不在直线 AB 上。

方法二［如图 3-13（c）所示］：若点 K 在直线 AB 上，则 $a'k':k'b'=ak:kb$。

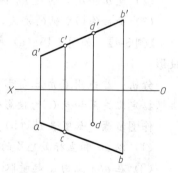

图 3-12　判别点是否在直线上

过点 b 作任意辅助线，在此线上量取 $bk_0=b'k'$，$k_0a_0=k'a'$。连 a_0a，再过 k_0 作直线平行于 a_0a，与 ab 交于 k_1。因 k 与 k_1 不重合，即 $ak:kb\neq a'k':k'b'$，所以判断点 K 不在直线 AB 上。

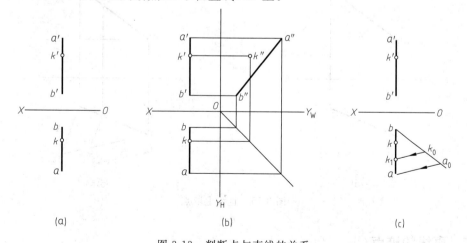

(a)　　　　　　　(b)　　　　　　　(c)

图 3-13　判断点与直线的关系

【例 3-3】　已知直线 AB 的投影图，试在直线上求一点 C，使其分 AB 成 2：3 两段，如图 3-14 (a) 所示。

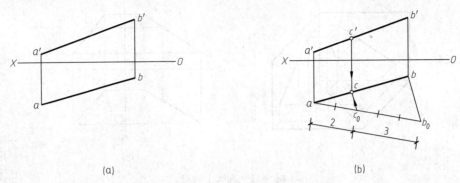

图 3-14　分割直线成定比

分析：用初等几何中平行线截取比例线段的方法即可确定点 C。

作图步骤〔如图 3-14 (b) 所示〕：

(1) 过投影 a 作任意辅助线 ab_0，使 $ac_0 : c_0b_0 = 2 : 3$；

(2) 连 b 和 b_0，再过 c_0 作辅助线平行于 b_0b，交 ab 于 c；

(3) 由 c 作 OX 轴的垂线，交 $a'b'$ 于 c'，则点 C（c，c'）为所求。

【例 3-4】　如图 3-15 (a) 所示在已知直线 AB 上取一点 C，使 $AC = 15mm$，求点 C 的投影。

分析：首先用直角三角形法求得直线 AB 的实长，并在实长上截取 $15mm$ 得分点 c_0，再根据定比关系和点 C 的投影一定在直线 AB 的同面投影上的性质，即可求得点 C 的投影。

作图步骤〔如图 3-15 (b) 所示〕：

(1) 以 ab 和坐标差 ΔZ 的长度为两直角边作直角三角形 abb_0，得 AB 的实长 ab_0；

(2) 在 ab_0 上由 a 起量取 $15mm$ 得 c_0；

(3) 过 c_0 作 bb_0 的平行线交 ab 于 c；

(4) 由 c 作 OX 轴的垂线，交 $a'b'$ 于 c'，则点 C（c，c'）即为所求。

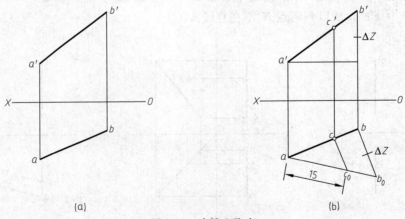

图 3-15　直线上取点

二、直线的迹点

直线与投影面的交点称为直线的迹点。在三投影面体系中，直线与 H 面的交点称为水平迹点，用 M 标记；与 V 面的交点称为正面迹点，用 N 标记；与 W 面的交点称为侧面迹点，用 S 标记。

1. 迹点的投影特点

由于迹点既是直线上的点，又是投影面上的点，因此迹点的投影必须同时具有直线上的点和投影面内点的投影特点，即迹点的投影应在直线的同面投影上，同时迹点的一个投影与其本身重合，另两个投影分别在相应的投影轴上。这是迹点作图的依据。

2. 迹点的求法

（1）水平迹点的求法　如图 3-16（a）所示，因为水平迹点 M 位于直线 AB 上和 H 面内，所以 M 点的水平投影 m 必在 ab 上，正面投影 m' 必在 $a'b'$ 上。又因 M 在 H 面内，所以其水平投影 m 与点 M 本身重合，其正面投影 m' 必在 OX 轴上。

水平迹点的投影作法如图 3-16（b）所示：

① 延长直线 AB 的正面投影 $a'b'$ 与 OX 轴相交，得交点 m'。

② 自 m' 引 OX 轴的垂线，与 ab 的延长线相交，得交点 m。

（2）正面迹点的求法　正面迹点的求法如图 3-16（a）所示。因正面迹点 N 在直线 AB 上，故其正面投影 n' 在 $a'b'$ 上，水平投影 n 必在 ab 上。又因 N 在 V 面上，故 n' 必与点 N 重合，n 必在 OX 轴上。

正面迹点的投影作法如图 3-16（b）所示：

① 延长直线 AB 的水平投影 ab 与 OX 轴相交，得交点 n。

② 自 n 引 OX 轴的垂线，与直线的正面投影 $a'b'$ 的延长线相交，得交点 n'。

关于侧面迹点 S 的求法，读者可根据侧面迹点的投影特点自行研究。

当直线与某一投影面平行时，则直线在该投影面上没有迹点。因此在三投影面体系中，一般位置直线有三个迹点，投影面平行线只有两个迹点，投影面垂直线只有一个迹点。

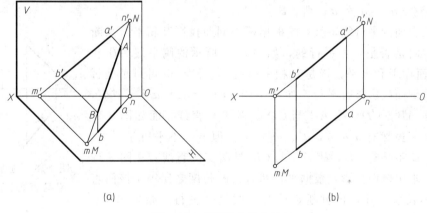

（a）　　　　　　　　　　　　　　　　（b）

图 3-16　直线迹点的作法

第五节　两直线的相对位置

两直线在空间的相对位置有平行、相交、交叉三种。其中平行、相交两直线是属于同一平面内的直线，交叉两直线是异面直线。

一、两直线平行

根据平行投影的基本特性，如果空间两直线互相平行，则此两直线的各组同面投影必互相平行，且两直线各组同面投影长度之比等于两直线长度之比。反之，如果两直线的各组同面投影都互相平行，且各组同面投影长度之比相等，则此两直线在空间一定互相平行。

如图 3-17（a）所示，$AB/\!/CD$，将这两条平行的直线向 H 面进行投射时，构成两个相互平行的投射线平面，即 $ABba/\!/CDda$，其与投影面的交线必平行，故有 $ab/\!/cd$。同理可证，$a'b'/\!/c'd'$，$a''b''/\!/c''d''$。

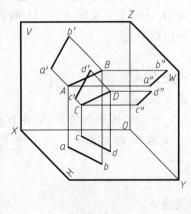
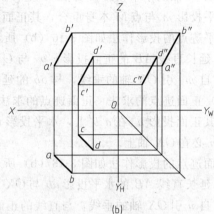

(a)   (b)

图 3-17　平行两直线的投影

在投影图上判断两直线是否平行时，若两直线处于一般位置，则只需判断两直线的任意两组同面投影是否相互平行即可确定，如图 3-18 所示，由于直线 AB、CD 均为一般位置直线，且 $a'b'/\!/c'd'$、$ab/\!/cd$，则 $AB/\!/CD$。

对于投影面的平行线，就不能根据两组同面投影互相平行来断定它们在空间是否是互相平行的，如图 3-19 所示的侧平线 AB 和 CD，其正面投影和水平投影是互相平行的，它们在空间到底是否平行还要看侧面投影是否平行。如图 3-19（a）所示因 $a''b''/\!/c''d''$，所以能判断 $AB/\!/CD$，故 AB 与 CD 是两平行直线。而如图 3-19（b）所示中，虽然有 $a'b'/\!/c'd'$、$ab/\!/cd$，但 $a''b''$ 不平行于 $c''d''$，所以判断 AB 不平行 CD，故 AB 与 CD 是两交叉直线。在图 3-19 中，如果不求出侧面投影，根据平行两直线的长度之比等于该两直线同面投影长度之比，也可断定此两直线是否平行。如果 $AB/\!/$

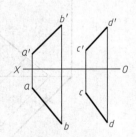

图 3-18　判断两一般
位置直线是否平行

CD，则 $AB:CD=ab:cd=a'b':c'd'$，从图 3-19（b）可以看出，$ab:cd\neq a'b':c'd'$，即不符合上述比例关系，故 AB 不平行于 CD。

另外，相互平行的两直线，如果垂直于同一投影面，则它们的两组同面投影相互平行，而在与两直线垂直的投影面上的投影积聚为两点，这两点之间的距离反映了两直线的真实距离，如图 3-20 所示。

二、两直线相交

如果空间两直线相交，则它们的各组同面投影一定相交，且交点的投影必符合点的投影

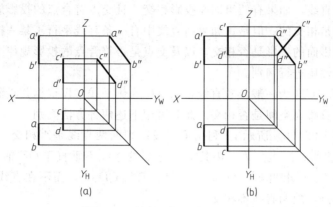

图 3-19　判断两侧平线是否平行

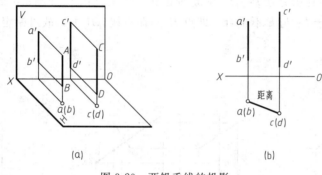

图 3-20　两铅垂线的投影

规律。反之，如果两直线的各组同面投影都相交，且投影的交点符合点的投影规律，则该两直线在空间一定相交。

如图 3-21 所示，空间两直线 AB 和 CD 相交于点 K。由于点 K 既在直线 AB 上又在直线 CD 上，是两直线的共有点，所以点 K 的水平投影 k 一定是 ab 与 cd 的交点，正面投影 k' 一定是 $a'b'$ 与 $c'd'$ 的交点，侧面投影 k'' 一定是 $a''b''$ 与 $c''d''$ 的交点。因 k、k'、k'' 是点 K 的三面投影，所以它们必然符合点的投影规律。根据点分线段之比，投影后保持不变的原理，由于 $ak:kb = a'k':k'b' = a''k'':k''b''$，故点 K 是直线 AB 上的点。又由于 $ck:kd = c'k':k'd' = c''k'':k''d''$，故点 K 是直线 CD 上的点。由于点 K 是直线 AB 和直线 CD 上的点，即是两直线的交点，所以两直线 AB 和 CD 相交。

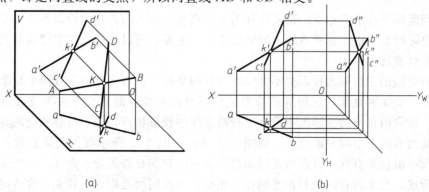

图 3-21　相交两直线的投影

对于一般位置直线，如果有两组同面投影相交，且交点符合点的投影规律，就可以断定这两条直线在空间是相交的。但是，如果两直线中有一条直线平行于某一投影面，则必须根据此两直线在该投影面的投影是否相交，以及交点是否符合点的投影规律来进行判别。也可以利用定比分割的性质进行判别。

如图 3-22 所示，CD 为一般位置直线，而 AB 为侧平线，仅根据其正面投影和水平投影相交还无法断定两直线在空间是否相交。此时可用下述两种方法判别。

方法一〔如图 3-22（b）所示〕：利用第三投影判断两直线是否相交。首先，求出 AB、CD 两直线的侧面投影 $a''b''$ 与 $c''d''$，因其交点与 k' 的连线不垂直于 OZ 轴，所以 AB 和 CD 两直线不相交。由 k、k' 求出 k''，可知 K 点只在直线 CD 上，而不在直线 AB 上，即点 K 不是两直线的共有点，故两直线不相交。

方法二〔如图 3-22（c）所示〕：由已知条件可知 CD 为一般位置直线，$kk' \perp OX$，故 K 在 CD 上；再利用定比关系法判别点 K 是否也在 AB 上。以 k' 分割 $a'b'$ 的同样比例分割 ab 求出分割点 k_1，由于 k_1 与 k 不重合，即点 K 不在直线 AB 上，故可断定 AB 和 CD 两直线不相交。

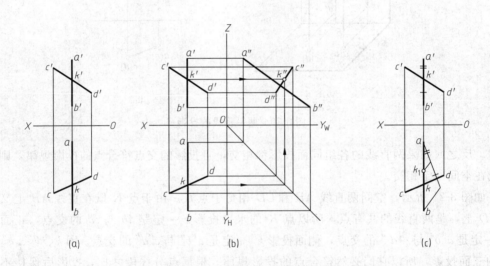

图 3-22　判断两直线是否相交

三、两交叉直线

在空间既不平行也不相交的两直线称为交叉直线。交叉两直线的投影不具备平行或相交两直线的投影特点。由于这种直线不能同属于一个平面，所以立体几何中把这种直线称为异面直线或交错直线。

交叉两直线的三组同面投影决不会同时都互相平行，但可能在一个或两个投影面上的投影互相平行。交叉两直线的三组同面投影虽然都可以相交，但其交点决不符合点的投影规律。因此，如果两直线的投影既不符合平行两直线的投影特点，也不符合相交两直线的投影特点，则此两直线在空间一定交叉。如图 3-19（b）、图 3-22 所示都为交叉直线。应该指出的是对于两一般位置直线，只需两组同面投影就可以判别是否为交叉直线，如图 3-23 所示。

如前所述，交叉两直线虽然在空间并不相交，但其同面投影往往相交，这些同面投影的交点，实际上是重影点，根据第二章第一节中重影点可见性的判断方法可知，如图 3-23

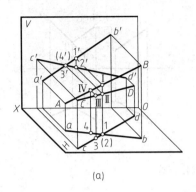
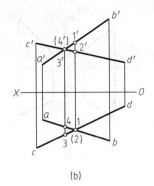

图 3-23　交叉两直线的投影

（b）所示的水平投影中，位于 AB 线上的点Ⅰ可见，而位于 CD 线上的点Ⅱ不可见，其投影为 1（2）。正面投影中，位于 CD 上的点Ⅲ可见，而位于 AB 线上的点Ⅳ不可见，其投影为 3′（4′）。

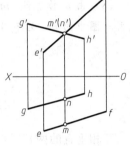

如图 3-24 所示的正面投影中，位于 EF 线上的点 M 可见，位于 GH 线上的点 N 不可见，其投影为 m′（n′）；而 M、N 两点的水平投影都可见。

综上所述，在投影图上只有投影重合处才产生可见性问题，每个投影面上的可见性要分别进行判别。

以上判别可见性的方法也是直线与平面、平面与平面相交时判别可见性的重要依据。

图 3-24　判断两直线相对位置

【例 3-5】　如图 3-25（a）所示，已知 AB 与 CD 相交，求 c′d′。

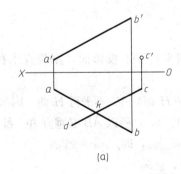
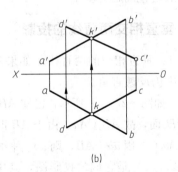

图 3-25　求作相交的两直线

分析： 因 CD 与 AB 相交，c′d′必与 a′b′相交，且其交点 k′与 k 的连线必垂直于 OX。

作图步骤［如图 3-25（b）所示］：

（1）自 k 作 OX 轴的垂线与 a′b′交于 k′；连 c′k′，并延长之。

（2）过 d 作 OX 轴的垂线与 c′k′的延长线交于 d′，则 c′d′为所求。

【例 3-6】　如图 3-26（a）所示，试作直线 MN 与已知直线 AB、CD 相交，并与直线 EF 平行。

分析： 由给出的投影可知直线 AB 为正垂线，因此它与所求直线 MN 相交的交点 M 的正面投影 m′一定与 a′（b′）重合，根据平行、相交两直线的投影特点可求出直线 MN。

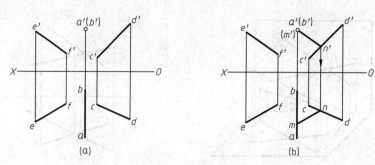

图 3-26　求作直线

作图步骤［如图 3-26（b）所示］：

（1）在正面投影上由 m' 引直线 $m'n'$，与 $e'f'$ 平行且交 $c'd'$ 于点 n'。

（2）由 n' 作 OX 轴垂线与 cd 交于点 n。

（3）由 n 作直线 nm 与 ef 平行，交 ab 于点 m。mn 和 $m'n'$ 即为所求直线 MN 的两面投影。图中的 m' 为不可见，故用（m'）表示。

第六节　直角的投影

互相垂直的两直线，如果同时平行于同一投影面，则它们在该投影面上的投影仍反映直角；如果它们都倾斜于同一投影面，则在该投影面上的投影不是直角。除以上两种情况外，这里我们将要讨论的是只有一直线平行于投影面时的投影。这种情况作图时是经常遇到的，是处理一般垂直问题的基础。

一、垂直相交两直线的投影

定理 1：垂直相交的两直线，如果其中有一条直线平行于一投影面，则两直线在该投影面上的投影仍反映直角。

证明：如图 3-27（a）所示，已知 $AB \perp AC$，且 $AB /\!/ H$ 面，AC 不平行 H 面。因为 $Aa \perp H$ 面，$AB /\!/ H$ 面，故 $AB \perp Aa$。由于 AB 既垂直 AC 又垂直 Aa，所以 AB 必垂直 AC 和 Aa 所确定的平面 $AacC$。因 $ab /\!/ AB$，则 $ab \perp$ 平面 $AacC$，所以 $ab \perp ac$，即 $\angle bac = 90°$。

图 3-27（b）是它们的投影图，其中 $a'b' /\!/ OX$ 轴，$\angle bac = 90°$。

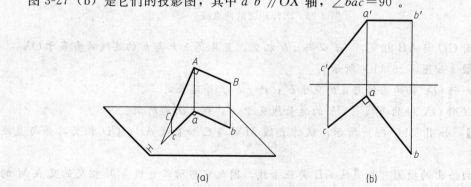

图 3-27　直角投影定理

定理 2（逆）：如果相交两直线在某一投影面上的投影成直角，且有一条直线平行于该投影面，则两直线在空间必互相垂直［读者可参照图 3-27（a）证明之］。

如图 3-28 所示，$\angle d'e'f' = 90°$，且 $ef // OX$ 轴，故 EF 为正平线。根据定理 2，空间两直线 DE 和 EF 必垂直相交。

【例 3-7】 如图 3-29（a）所示是一矩形 $ABCD$ 的部分投影，试补全该矩形的两面投影图。

分析：矩形的几何特性是邻边互相垂直、对边平行而且等长。当已知其一边为投影面平行线时，则可按直角投影定理，作此边实长投影的垂线而得到其邻边的投影，再根据对边平行的关系，完成矩形的投影图。

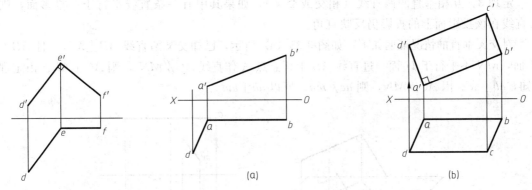

图 3-28　两直线垂直相交　　　　图 3-29　补全矩形的两面投影

作图步骤［如图 3-29（b）所示］：

（1）过 a' 作 $a'b'$ 的垂线，再过 d 作 OX 轴垂线，两线交于 d'，则 $a'd'$ 为矩形又一个边的投影；

（2）过 d' 作 $d'c' // a'b'$，过 b' 作 $b'c' // a'd'$，交点 c'，则 $a'b'c'd'$ 为所求矩形的 V 面投影；

（3）根据矩形的几何特性完成矩形的 H 面投影。

【例 3-8】 如图 3-30（a）所示，试求点 A 至水平线 BC 的距离。

分析：点至直线的距离即点至已知直线之垂线的实长。因直线 BC 为水平线，所以可用直角投影定理作出其垂线。

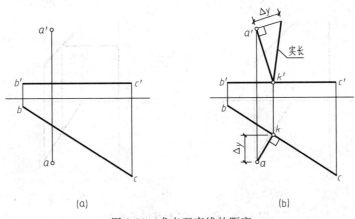

图 3-30　求点至直线的距离

作图步骤 [如图 3-30（b）所示]：

（1）过点 a 作直线垂直于 bc，交 bc 于点 k；

（2）由点 k 在 $b'c'$ 上作出 k'，连 a' 与 k'，则点 K（k，k'）为垂足；

（3）用直角三角形法求出线段 AK 的实长，即为所求。

二、交叉垂直两直线的投影

上面讨论了垂直相交两直线的投影，现将上述定理加以推广，讨论交叉垂直两直线的投影。初等几何已规定对交叉两直线所成的角是这样度量的：过空间任意点作直线分别平行于已知交叉两直线，所得相交两直线的夹角，即为交叉两直线所成的角。

定理 3：互相垂直的两直线（相交或交叉），如果其中有一条直线平行于一投影面，则两直线在该投影面上的投影仍反映直角。

对交叉垂直的情况证明如下：如图 3-31（a）所示，已知交叉两直线 $AB \perp MN$，且 $AB /\!/ H$ 面，MN 不平行于 H 面。过直线 AB 上任意点 A 作直线 $AC /\!/ MN$，则 $AC \perp AB$。由定理 1 知，$ab \perp ac$。因 $AC /\!/ MN$，则 $ac /\!/ mn$。所以 $ab \perp mn$。

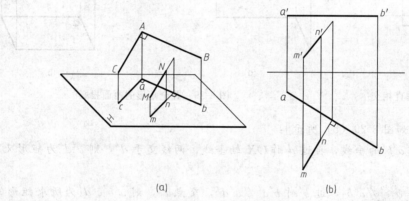

(a)　　　　　　　(b)

图 3-31　两直线交叉垂直

图 3-31（b）是它们的投影图，其中 $a'b' /\!/ OX$ 轴，$ab \perp mn$。

定理 4（逆）：如果两直线在某一投影面上的投影成直角，且有一条直线平行于该投影面，则两直线在空间必互相垂直 [读者可参照图 3-31（a）证明之]。

【例 3-9】 如图 3-32（a）所示，求交叉两直线 AB、CD 之间的最短距离。

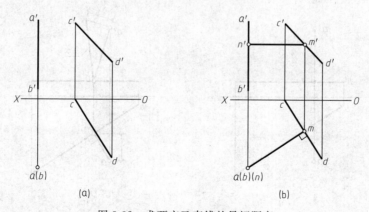

(a)　　　　　　　(b)

图 3-32　求两交叉直线的最短距离

分析：由几何学可知，交叉两直线之间的公垂线即为其最短距离。由于所给的直线 AB 为铅垂线，故可断定 AB 和 CD 之间的公垂线必为水平线。所以可利用直角投影定理求解。

作图步骤［如图 3-32 (b) 所示］：

(1) 利用积聚性定出 n（重影于 ab），作出 $nm \perp cd$ 与 cd 相交于 m；

(2) 过 m 作 OX 轴的垂线与 $c'd'$ 交于 m'，再作 $m'n' // OX$ 轴。则由 mn、$m'n'$ 确定的水平线 MN 即为所求。其中 mn 为实长，即为交叉两直线间的最短距离。

结论：若垂直相交（交叉）的两直线中有一条直线平行于某一投影面时，则两直线在该投影面上的投影仍然相互垂直；反之，若相交（交叉）两直线在某一投影面上的投影互相垂直，且其中一直线平行于该投影面时，则两直线在空间也一定相互垂直。这就是直角投影定理。

如图 3-33 所示给出了两直线的两面投影，根据直角投影特性可以断定它们在空间是相互垂直的，其中 (a)、(c) 是垂直相交，(b)、(d) 是垂直交错。

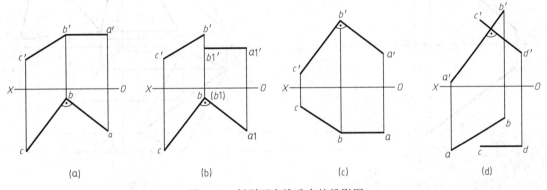

图 3-33　判别两直线垂直的投影图

【例 3-10】 如图 3-34 (a)，已知等边三角形 ABC 的 BC 边在正平线 MN 上，作出 $\triangle ABC$ 的两面投影。

分析：要作出 $\triangle ABC$ 的投影，只要确定边长和在 MN 的位置就可作出。根据题意，可先作出 BC 边上的高 AD，根据 AD 的投影作出 AD 实长。然后根据高 AD 作出等边三角形边的实长，根据边长来确定 BC 在 MN 上的投影。

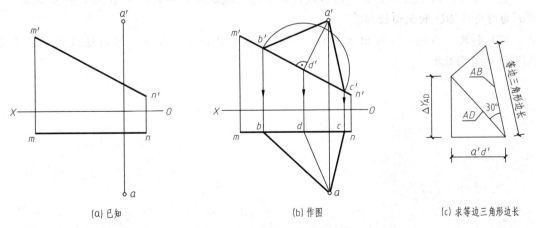

图 3-34　作出等边三角形的投影

作图步骤：

（1）过 a' 点作 $m'n'$ 的垂线，垂足为 d'，过 d' 向下引投影连线作出 d 点。

（2）连接 ad 和 $a'd'$，利用直角三角形法求 AD 的实长。利用 AD 的实长求等边三角形的边长，如图 3-34（c）所示。

（3）以 d' 为中点，在 $m'n'$ 上截取等边三角形边长，作出 b'、c'，过 b'、c' 分别向下引投影连线作出 b、c。最后连线作出 $\triangle ABC$ 的两面投影，如图 3-34（b）所示。

【例 3-11】 如图 3-35（a）所示，已知 AC 为正方形 $ABCD$ 的一条对角线，另一条对角线为侧平线，求正方形的三面投影。

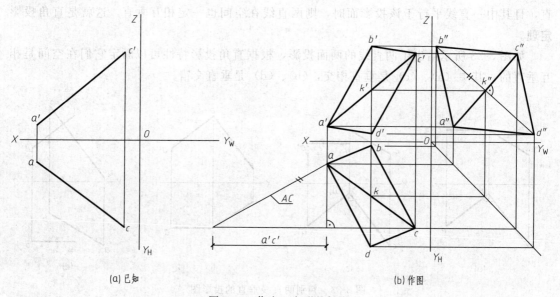

（a）已知　　　　　　　　　　　　　　　（b）作图

图 3-35　作出正方形的投影

分析： 由于正方形的两对角线垂直且平分相等，对角线 BD 又是侧平线，则其侧面投影 $b''d''$ 垂直 $a''c''$，并等于 AC 的实长。

作图步骤［如图 3-35（b）所示］：

（1）作出对角线 AC 的侧面投影 $a''c''$，并利用直角三角形法求 AC 的实长。

（2）过 $a''c''$ 的中点 k'' 作 $a''c''$ 的垂线，在垂线上截取 $b''k'' = k''d'' = AC/2$，作出 b'' 和 d''，$b''d''$ 为对角线 BD 的侧面投影。

（3）利用"二补三"作出 K、B、D 的正面投影和水平投影，然后连线完成正方形 $ABCD$ 的三面投影。

第四章　平面的投影

第一节　平面的几何元素表示法

由初等几何可知，不在同一直线上的三点确定一个平面。因此，表示平面的最基本方法是不在一条直线上的三个点，其他的各种表示方法都是由此派生出来的。平面的表示方法可归纳成以下五种：

① 不属于同一直线的三点［如图 4-1（a）所示］；

② 一直线和该直线外一点［如图 4-1（b）所示］；

③ 相交两直线［如图 4-1（c）所示］；

④ 平行两直线［如图 4-1（d）所示］；

⑤ 任意平面图形［如三角形，如图 4-1（e）所示］。

在投影图上，可以用上述任何一组几何元素的投影来表示平面，如图 4-1 所示，且各组元素之间是可以相互转换的。实际作图中，较多采用平面图形表示法，如图 4-1（e）所示。

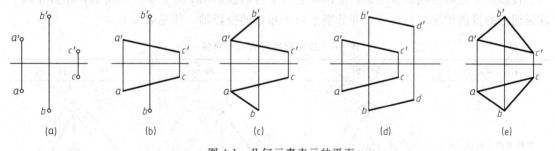

| (a) | (b) | (c) | (d) | (e) |

图 4-1　几何元素表示的平面

第二节　平面对投影面的相对位置

平面按其对投影面相对位置的不同，可以分为：投影面平行面、投影面垂直面和一般位置平面。投影面平行面和投影面垂直面统称为特殊位置平面。

一、一般位置平面

对三个投影面都倾斜的平面，称为一般位置平面，如图 4-2 所示。一般位置平面的投影特性是：它的三个投影既不反映实形，也不积聚为一直线，而只具有类似性。如果用平面图

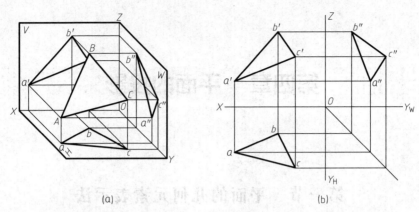

图 4-2   一般位置平面

形表示平面，则它的三面投影均为面积缩小的类似形（边数相等的类似多边形），如图 4-2 所示。

二、投影面平行面

平行于某一投影面的平面，称为投影面平行面。根据平面所平行的投影面的不同，有以下三种投影面平行面：

水平面——平行于水平投影面的平面；

正平面——平行于正立投影面的平面；

侧平面——平行于侧立投影面的平面。

投影面平行面的投影特性是：平面在它所平行的投影面上的投影反映实形，在另外两个投影面上的投影积聚成直线段，并分别平行于相应的投影轴。详见表 4-1。

表 4-1   投影面平行面投影特性

名　称	水　平　面	正　平　面	侧　平　面
物体表面上的面			
立体图			

续表

名　称	水 平 面	正 平 面	侧 平 面
投影图	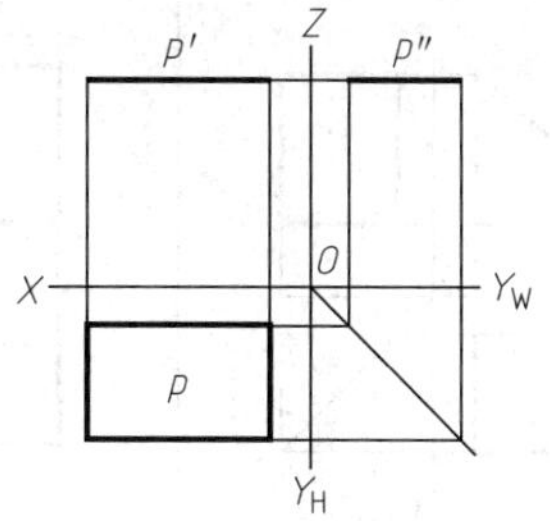	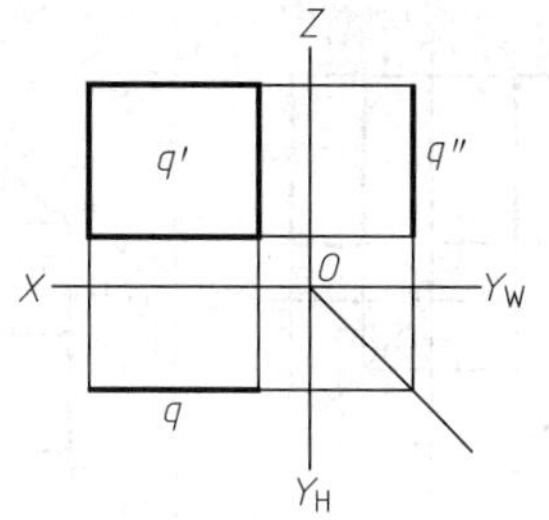	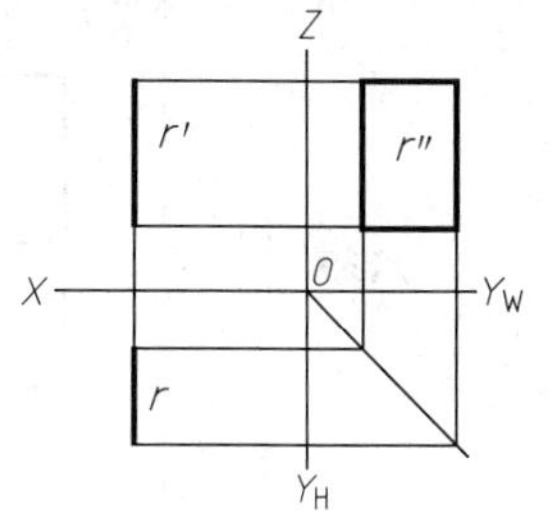
投影特性	① 水平投影反映实形 ② 正面投影有积聚性,且平行于 OX 轴;侧面投影也有积聚性,且平行于 OY_W	① 正面投影反映实形 ② 水平投影有积聚性,且平行于 OX 轴;侧面投影也有积聚性,且平行于 OZ	① 侧面投影反映实形 ② 正面投影有积聚性,且平行于 OZ 轴;水平投影也有积聚性,且平行于 OY_H
共性	① 平面在所平行的投影面的投影反映实形(显实性) ② 在另外两个投影面上的投影积聚成一条直线(积聚性),该直线平行相应的投影轴		

三、投影面垂直面

垂直于某一投影面,同时倾斜于另两个投影面的平面,称为投影面垂直面。根据平面所垂直的投影面的不同,有以下三种投影面垂直面:

铅垂面——垂直于水平投影面的平面;

正垂面——垂直于正立投影面的平面;

侧垂面——垂直于侧立投影面的平面。

投影面垂直面的投影特性是:平面在它所垂直的投影面上的投影积聚成一直线,并反映该直线与另外两投影面的倾角,其另外的两个投影面上的投影为类似形(边数相同,形状相像的图形)。详见表 4-2。

表 4-2　投影面垂直面投影特性

名　称	铅 垂 面	正 垂 面	侧 垂 面
物体表面上的面	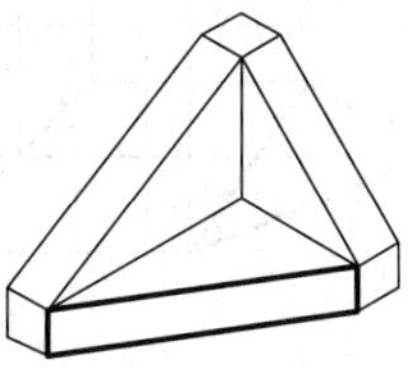	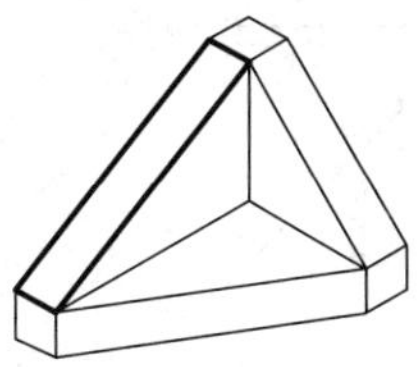	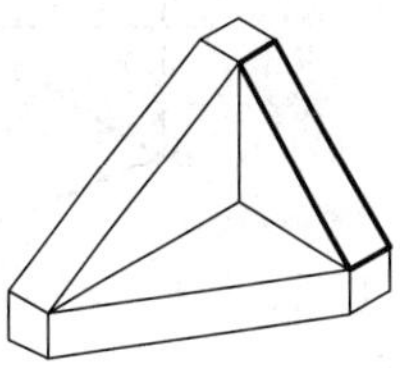
立体图	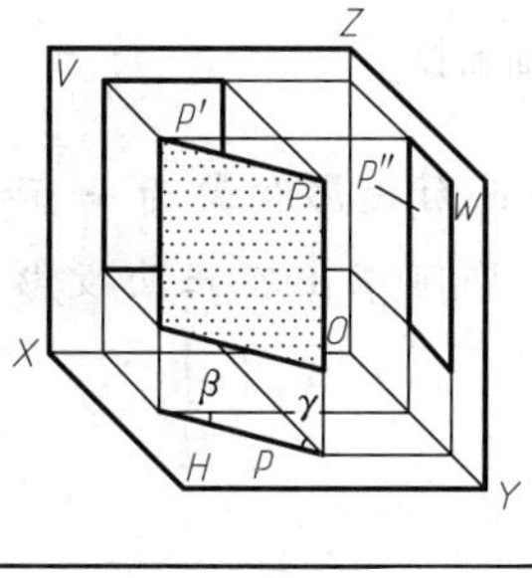	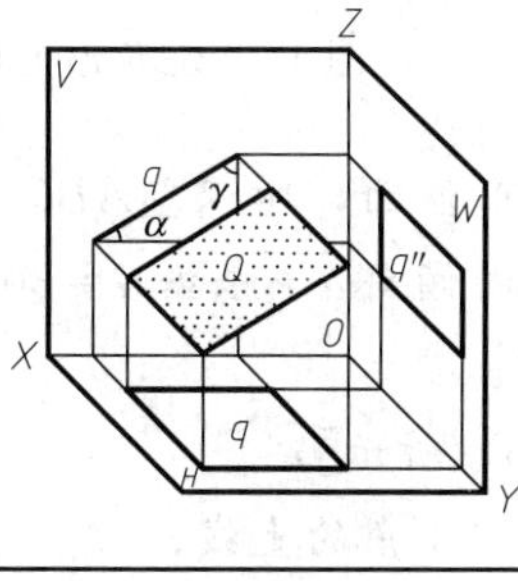	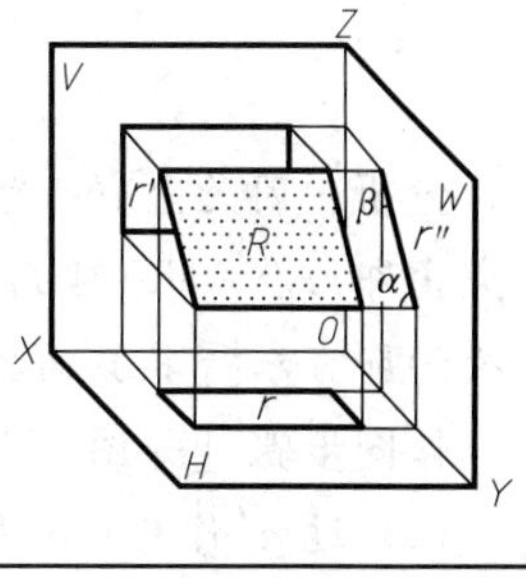

名　称	铅垂面	正垂面	侧垂面
投影图	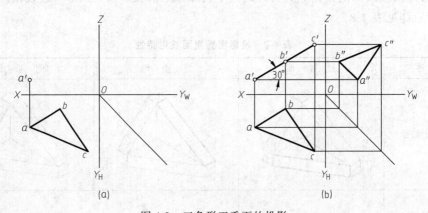		
投影特性	① 水平投影积聚成直线 p，且与其水平迹线重合。该直线与 OX 轴和 OY_H 轴夹角反映 β 和 γ 角 ② 正面投影和侧面投影为平面的类似形	① 正面投影积聚成直线 q'，且与其正面迹线重合。该直线与 OX 轴和 OZ 轴夹角反映 α 和 γ 角 ② 水平投影和侧面投影为平面的类似形	① 侧面投影积聚成直线 r''，且与其侧面迹线重合。该直线与 OY_W 轴和 OZ 夹角反映 β 和 α 角 ② 正面投影和水平投影为平面的类似形
共性	① 平面在其所垂直的投影面上的投影积聚成一条直线（积聚性）；它与两投影轴的夹角，分别反映空间平面与另外两个投影面的倾角 ② 另外两个投影面的投影为空间平面图形的类似形		

比较三种平面的投影特点，可以看出：

如果某平面有两个投影有积聚性，而且都平行于投影轴，则该平面是投影面平行面；如一投影是斜直线，另外两个投影是类似图形，则该平面是投影面垂直面；如三个投影都是类似图形，则是一般位置平面。

【例 4-1】 如图 4-3（a）所示，已知正垂面 $\triangle ABC$ 对 H 面的倾角 $\alpha = 30°$，又知其水平投影 $\triangle abc$ 和顶点 A 的正面投影 a'，试求其正面投影和侧面投影。

图 4-3　三角形正垂面的投影

分析：因为 $\triangle abc$ 为一正垂面，所以 $\triangle ABC$ 的正面投影积聚为一直线，且它与 OX 轴的夹角即为 $\triangle ABC$ 对 H 面的倾角 α。根据 $\alpha = 30°$，即可求出其正面投影，由正面投影和水平投影即可求得其侧面投影。

作图步骤 [如图 4-3（b）所示]：

（1）过 a' 作与 OX 轴成 $30°$ 角的直线；

（2）再过 b、c 作 OX 轴的垂线与其交于 b'、c'，则线段 $a'b'c'$ 即为 $\triangle ABC$ 的正面投影；

（3）分别求出各顶点的侧面投影 a''、b''、c''，并连接之，即得 $\triangle ABC$ 的侧面投影 $\triangle a''b''c''$。

显然，本题有两种解答，请读者自己分析。

第三节　平面上的点和直线

一、平面上取点

由初等几何可知，点在平面内的几何条件是：该点必须在该平面内的一条已知直线上。即在平面内取点，必须取在平面内的已知直线上。一般采用辅助直线法，使点在辅助线上，辅助线在平面内，则该点必在平面内。如图 4-4（a）所示，已知在平面 $\triangle ABC$ 上的一点 K 的水平投影 k，要确定点 K 的正面投影 k'，可以根据辅助直线法来完成。如图 4-4（b）所示，过 k 作辅助线的水平投影 mn，并作其正面投影 $m'n'$，按投影关系求得 k'，即为所求。有时为作图简便，可使辅助线通过平面内的一个顶点，如图 4-4（c）所示；也可使辅助线平行于平面内的某一已知直线，如图 4-4（d）所示。

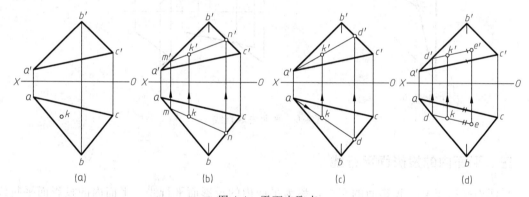

（a）　　　　　（b）　　　　　（c）　　　　　（d）

图 4-4　平面内取点

【例 4-2】　如图 4-5（a）所示，试判断点 K 是否在 $\triangle ABC$ 平面内。

分析：在平面内作一辅助线，使其正面投影通过 K 点的正面投影 k'，若辅助线的水平投影也通过 k，则证明点 K 在 $\triangle ABC$ 平面内。

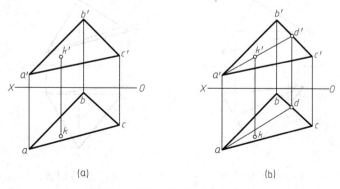

（a）　　　　　　　　　　（b）

图 4-5　判断点 K 是否在平面内

作图步骤 [如图 4-5 (b) 所示]：

(1) 过 k' 作辅助线 AD 的正面投影 $a'd'$；

(2) 根据投影关系确定 d，并作辅助线 AD 的水平投影 ad；

(3) 因 k 不在 ad 上，故判断点 K 不在 $\triangle ABC$ 平面内。

二、平面内取直线

由初等几何可知，直线在平面内的几何条件是：直线上有两点在平面内；或直线上有一点在平面内，且该直线平行于平面内一已知直线。

如图 4-6 (a) 所示，平面 P 由两条相交直线 AB 和 BC 确定。在直线 AB 和 BC 上各取一点 D 和 E，则 D、E 两点必在平面 P 内，所以，D、E 两点的连线 DE 也必在平面 P 内。若在直线 BC 上再取一点 F（F 点必在平面 P 内），并过点 F 作 $FG \parallel AB$，则直线 FG 也必在平面内。其投影如图 4-6 (b) 所示。

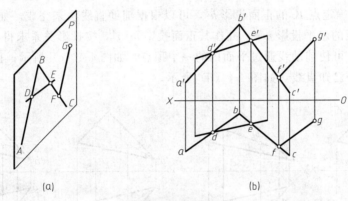

(a)　　　　　　　　　　　(b)

图 4-6　平面内取直线

三、平面内的投影面平行线

平面内平行于某一投影面的直线，称为平面内的投影面平行线。平面内的投影面平行线同时具有投影面平行线和平面内直线的投影性质。根据平面内的投影面平行线所平行的投影面的不同可分为：平面内的水平线、平面内的正平线和平面内的侧平线。

如图 4-7 (a) 所示，要在一般位置平面 $\triangle ABC$ 内过点 A 取一水平线，由于水平线的正

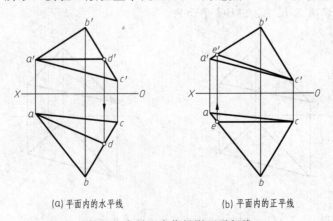

(a) 平面内的水平线　　　　　　(b) 平面内的正平线

图 4-7　在平面内作投影面平行线

面投影必平行于 OX 轴，首先过 A 点的正面投影 a' 作一平行于 OX 轴的直线交 $b'c'$ 于 d'，$a'd'$ 为这一水平线的正面投影，然后作出该直线的水平投影 ad，则直线 AD 为平面 $\triangle ABC$ 内过点 A 的水平线。

用同样的方法可作出一般位置平面内的正平线 CE，如图4-7（b）所示。

【例4-3】　如图4-8（a）所示，已知四边形 $ABCD$ 的水平投影，又知 AB 和 BC 两条边的正面投影，试完成四边形的正面投影。

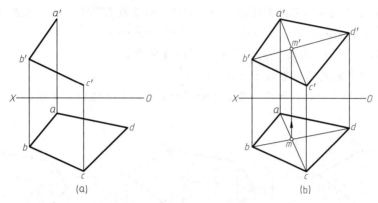

图4-8　完成四边形的正面投影

分析：首先将 A、B、C 三点看作是一个三角形 ABC，而另一个点 D 是三角形平面内的一个点。再利用平面内作辅助线的方法，求出点 D 的正面投影，则可完成四边形 $ABCD$ 的正面投影。

作图步骤［如图4-8（b）所示］：

（1）连接 ac 和 $a'c'$，并连接 bd 交 ac 于 m；

（2）过 m 点作 OX 轴的垂线交 $a'c'$ 于 m'，并连接 $b'm'$；

（3）过 d 作 OX 轴的垂线交 $b'm'$ 的延长线于 d'，连接 $a'd'$、$c'd'$ 便完成作图。

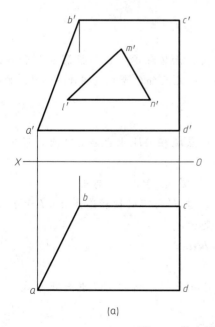
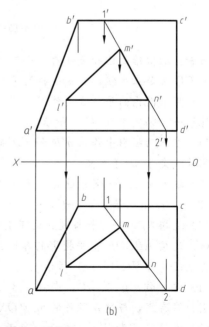

图4-9　补出梯形平面上三角形的水平投影

【例4-4】 如图4-9（a）所示，已知梯形平面上三角形的正面投影 $l'm'n'$，求它的水平投影 lmn。

分析：四边形 $ABCD$ 与内部挖掉的三角形 LMN 同在一个平面内。利用平面内取点的方法，求出点 LMN 的水平投影，则可完成作图。

作图步骤 ［如图4-9（b）所示］：

（1）在正面投影中延长 $m'n'$，与梯形边界正面投影交于 $1'$、$2'$ 两点。

（2）过 $1'$ 和 $2'$ 分别向下引投影连线，与梯形边界水平投影交于 1 和 2 两点，连接 1 和 2。

（3）过 m' 和 n' 分别向下引投影连线，交 12 线于 m 和 n。

（4）过 n 作 $nl // ad$，与自 l' 向下引的投影连线交于 l。

（5）连 $\triangle mnl$，完成三角形的水平投影。

【例4-5】 如图4-10（a）所示，已知平面 $ABCDE$ 的 CD 边为正平线，作出平面 $ABCDE$ 的水平投影。

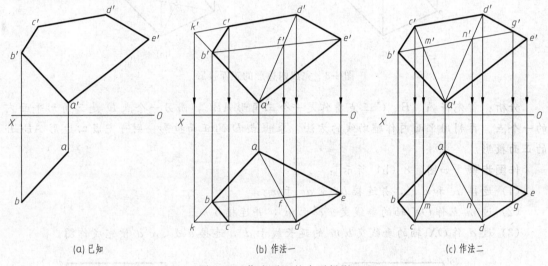

(a)已知　　　　　　　(b)作法一　　　　　　　(c)作法二

图4-10　作出平面的水平投影

分析：从所给的已知条件看，得从 AB、CD 的投影开始考虑。正面投影 $a'b'$ 和 $c'd'$ 相交，而 CD 又是正平线，其水平投影平行于 OX 轴；ab 又已知，所以可先作出 cd。另一种方法是利用平面内的平行线去作图。

作法一 ［如图4-10（b）所示］：

（1）在正面投影中作出 $a'b'$ 和 $c'd'$ 的交点 k'，K 点既在 AB 上也在 CD 上，过 k' 向下引投影连线交于 ab 于 k 点。

（2）过 k 作 $kd // OX$，过 c'、d' 向下引投影连线，交 kd 于 c、d 两点。

（3）连接 ad 和 $b'e'$、$a'd'$，$b'e'$ 和 $a'd'$ 交于 f'，过 f' 向下引投影连线交 ad 于 f。

（4）连接 bf，并延长与过 e' 向下引的投影连线交于 e。

（5）连接 $ABCDE$ 水平投影的各边，即为所求 $abcde$。

作法二 ［如图4-10（c）所示］：

（1）过 b' 作 $b'g' // c'd'$，交 $d'e'$ 于 g'，因 CD 是正平线，所以 BG 也是正平线。过 g' 向下引投影连线，与过 b 所作的 $bg // OX$ 交于 g。

（2）连接 $a'd'$ 和 $a'c'$，与 $b'g'$ 交于 m'、n' 两点。

（3）过 m'、n' 两点向下引投影连线，与 bg 交于 m、n 两点。

（4）连接 am 和 an 并延长，与过 c'、d' 向下引的投影连线交于 c、d 两点。

（5）因 E 点在 DG 直线上，可过 e' 向下引投影连线与 dg 交于 e。

（6）连接 $ABCDE$ 水平投影的各边，即为所求 $abcde$。

【例 4-6】 如图 4-11（a）所示，试在 $\triangle ABC$ 平面内取一点 K，使 K 点距 H 面 10mm，距 V 面 15mm。

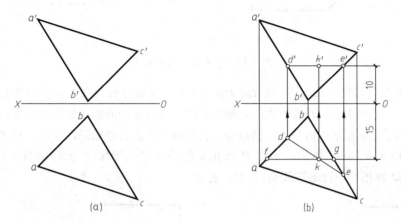

图 4-11 在平面内取一点

分析：K 点距 H 面 10mm，表示它位于该平面内的一条距 H 面为 10mm 的水平线上；K 点距 V 面 15mm，表示该点又位于该平面内的一条距 V 面为 15mm 的正平线上，则两线的交点将同时满足距 H 面和 V 面指定距离的要求。

作图步骤 ［如图 4-11（b）所示］：

（1）在 $\triangle ABC$ 内作一条与 H 面距离为 10mm 的水平线 DE，即使 $d'e'\mathbin{/\!/}OX$ 轴，且距 OX 轴为 10mm，并由 $d'e'$ 求出 de。

（2）在 $\triangle ABC$ 内作一条与 V 面距离为 15mm 的正平线 FG，即使 $fg\mathbin{/\!/}OX$ 轴，且距离 OX 轴为 15mm，交 de 于 k。

（3）过 k 作 OX 轴的垂线交 $d'e'$ 于 k'，则水平线 DE 与正平线 FG 的交点 K（k，k'）为所求。

第四节 平面的迹线

一、平面的迹线表示法

空间平面与投影面的交线，称为平面的迹线。如图 4-12 所示，平面 P 与 H 面的交线称水平迹线，记作 P_H；与 V 面的交线称正面迹线，记作 P_V；与 W 面的交线称侧面迹线，记作 P_W。平面迹线如果相交，交点必在投影轴上，即为 P 平面与三投影轴的交点，相应记作 P_X、P_Y、P_Z。用迹线表示的平面称为迹线平面。

迹线是空间平面和投影面所共有的直线。所以迹线不仅是平面 P 内的一直线，也是投影面内的一直线。由于迹线在投影面内，所以迹线有一个投影和它本身重合，另外两个投影与相

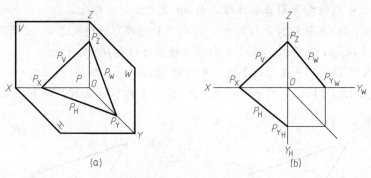

图 4-12　平面的迹线表示法

应的投影轴重合。如图 4-12（a）所示的 P_H，其水平投影与其重合，正面投影和侧面投影分别与 OX 轴和 OY 轴重合。在投影图上，通常只将与迹线重合的那个投影用粗实线画出，并用符号 P_H、P_V、P_W 标记；而与投影轴重合的投影则不需表示和标记，如图 4-12（b）所示。

　　如图 4-13（a）、（b）所示，平面 P 以相交的迹线 P_H、P_V 表示；如图 4-13（c）、（d）所示，平面 Q 以相互平行的迹线 Q_H、Q_V 表示。

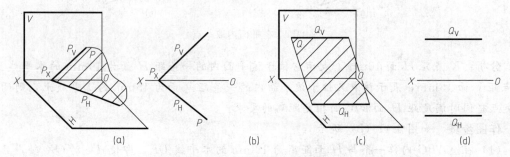

图 4-13　迹线表示的平面

二、特殊位置平面迹线

　　通常一般位置平面不用迹线表示，特殊位置平面在不需要平面表示平面形状，只要求表示平面的空间位置时，常用迹线表示。

　　表 4-3 和表 4-4 分别列出了投影面垂直面和投影面平行面的迹线，从投影图中可以看出迹线的特点。

表 4-3　投影面垂直面的迹线

平　面	铅 垂 面	正 垂 面	侧 垂 面
立体图			

续表

平　面	铅 垂 面	正 垂 面	侧 垂 面
投影图			
投影特性	① 水平迹线 P_H 有积聚性，并且反映平面的倾角 β 和 γ ② 正面迹线 P_V 和侧面迹线 P_W 分别垂直于 OX 轴和 OY_W 轴	① 正面迹线 P_V 有积聚性，并且反映平面的倾角 α 和 γ ② 水平迹线 P_H 和侧面迹线 P_W 分别垂直于 OX 轴和 OZ 轴	① 侧面迹线 P_W 有积聚性，并且反映平面的倾角 α 和 β ② 水平迹线 P_H 和正面迹线 P_V 分别垂直于 OY_H 轴和 OZ 轴
共性	① 平面在它垂直的投影面上的迹线有积聚性（相当于平面的积聚投影），且迹线与投影轴的夹角等于平面与相应投影面的倾角 ② 平面的其他两条迹线垂直于相应的投影轴		

表 4-4　投影面平行面的迹线

	水 平 面	正 平 面	侧 平 面
立体图			
投影图			
投影特性	① 没有水平迹线 ② 正面迹线 P_V 和侧面迹线 P_W 都有积聚性，且分别平行于 OX 轴和 OY_W 轴	① 没有正面迹线 ② 水平迹线 Q_H 和侧面迹线 Q_W 都有积聚性，且分别平行于 OX 轴和 OZ 轴	① 没有侧面迹线 ② 水平迹线 R_H 和正面迹线 R_V 都有积聚性，且分别平行于 OY_H 轴和 OZ 轴
共性	① 平面在它平行的投影面上没有迹线 ② 平面的其他两条迹线都有积聚性（相当于积聚投影），且迹线平行于相应的投影轴		

在两面投影图中用迹线表示特殊位置平面是非常方便的。如图 4-14 所示，过一点可作的特殊位置平面有投影面垂直面和投影面平行面。P_H 表示铅垂面 P（$P_V \perp OX$ 一般省略不画）；Q_V 表示正垂面 Q（$Q_H \perp OX$ 一般也省略不画）；R_V 表示水平面 R；S_H 表示正平面 S。

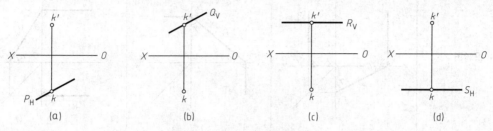

图 4-14　过点作特殊位置平面

过一般位置直线可作的特殊位置平面有投影面垂直面，如图 4-15 所示。

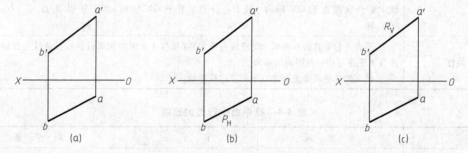

图 4-15　过一般位置直线作投影面垂直面

过投影面平行线可作的特殊位置平面有投影面垂直面和投影面的平行面，如图 4-16 所示。以水平线为例，作出了水平面和铅垂面。

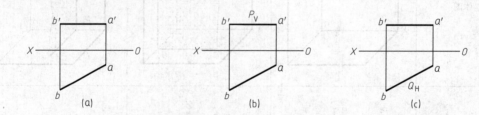

图 4-16　过投影面平行线作特殊位置平面

过投影面垂直线可作的特殊位置平面有投影面垂直面和投影面的平行面，如图 4-17 所示。以铅垂线为例，作出了铅垂面、正平面和侧平面。

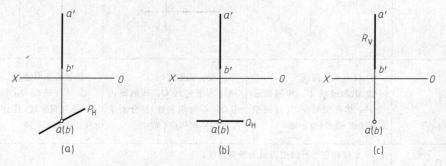

图 4-17　过投影面垂直线作特殊位置平面

第五章　直线与平面、平面与平面的相对位置

直线与平面、平面与平面的相对位置可分为平行、相交和垂直三种情况。本章将讨论这三种位置关系的投影特性及作图方法。

第一节　平行关系

一、直线与平面平行

（1）从初等几何可知：若一直线与平面上某一直线平行，则该直线与平面平行。如图 5-1（a）所示，AB 直线与 P 平面上的 CD 直线平行，所以 AB 直线与 P 平面平行。图 5-1（b）是其投影图。

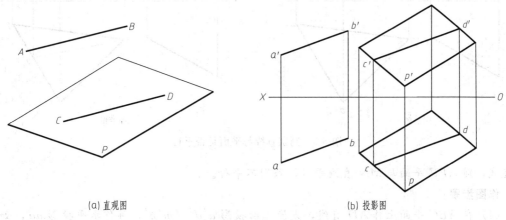

(a) 直观图　　　　　　　　　　　　(b) 投影图

图 5-1　直线与平面平行

根据上述几何条件和平行投影的性质，可解决在投影图上判别直线与平面是否平行，也可解决直线与平面平行的投影作图问题。

【例 5-1】 过 K 点作一正平线 KN 平行于 ABC 平面，如图 5-2（a）所示。

分析： 根据题目要求，正平线 KN 必然与平面上的正平线平行。

作图步骤：

（1）在 ABC 平面内作一正平线 AD（ad，$a'd'$）；

（2）过 K 点作 KN 直线与 AD 直线平行（$kn /\!/ ad$，$k'n' /\!/ a'd'$），则 KN 即为所求，如图 5-2（b）所示。

【例 5-2】 试判别 MN 直线与 ABC 平面是否平行，如图 5-3（a）所示。

分析： 由直线与平面平行的几何条件可知，如果在 ABC 平面上能作出与 MN 直线平行

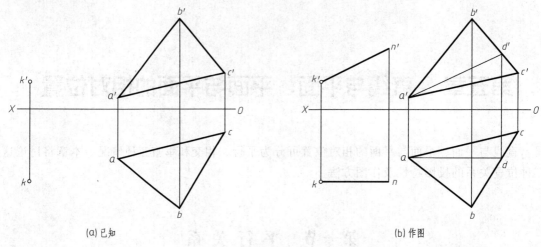

(a) 已知　　　　　　　　　　　　　(b) 作图

图 5-2　过点作正平线与平面平行

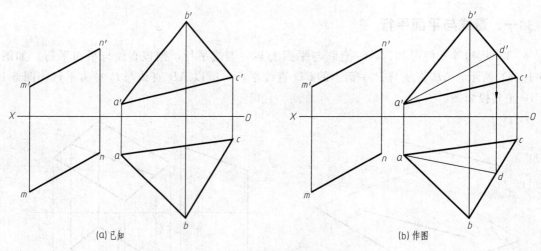

(a) 已知　　　　　　　　　　　　　(b) 作图

图 5-3　判别直线与平面是否平行

的直线，则 ABC 平面与 MN 直线平行，否则不平行。

作图步骤：

（1）在 ABC 平面上作 AD 直线，先使正面投影 $a'd'//m'n'$，再作水平投影 ad，如图 5-3（b）所示；

（2）因 ad 与 mn 不平行，即 AD 不平行 MN，所以 MN 直线与 ABC 平面不平行。

（2）若一直线与特殊位置平面平行，则该特殊面的积聚投影必然与直线的同面投影平行。

当判别直线与特殊位置平面是否平行时，只要检查平面的积聚投影与直线的同面投影是否平行即可。如图 5-4（a）所示，铅垂面 ABC 的水平积聚投影与直线 MN 的水平投影平行，故 MN 直线与 ABC 平面平行；如图 5-4（b）所示，正垂面 ABC 的正面积聚投影与直线 MN 的正面投影平行，故 MN 直线与 ABC 平面平行。

二、平面与平面平行

（1）从初等几何可知：若一平面上的两相交直线对应平行于另一平面上的两相交直线，

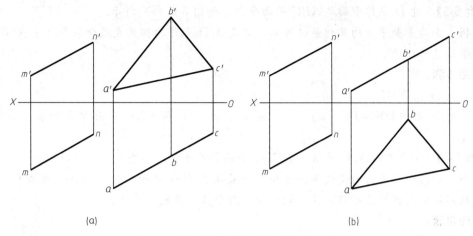

图 5-4 判别直线与特殊位置平面是否平行

则两平面平行。如图 5-5（a）所示，P 平面上的两相交直线 AB、BC 对应平行 Q 平面上的两相交直线 DE、EF，所以 P、Q 两平面平行。图 5-5（b）是其投影图。

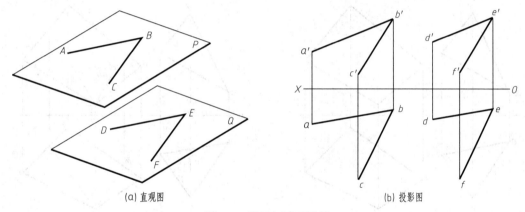

图 5-5 平面与平面平行

根据上述几何条件和平行投影的性质，可以在投影图上判别两平面是否平行，也可解决两平面平行的投影作图问题。

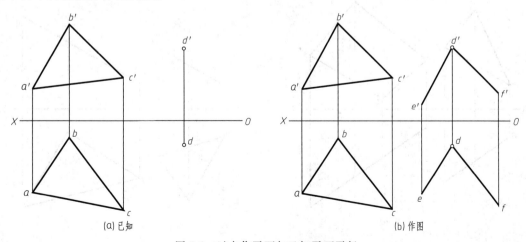

图 5-6 过点作平面与已知平面平行

【例 5-3】 过 D 点作平面与 ABC 平面平行，如图 5-6（a）所示。

分析：由两平面平行的几何条件可知，只要过 D 点作两相交直线分别平行于 ABC 平面上的两条边就可以了。

作图步骤：

（1）过 D 点作 $DE \parallel AB$（$de \parallel ab$、$d'e' \parallel a'b'$）；

（2）过 D 点作 $DF \parallel BC$（$df \parallel bc$、$d'f' \parallel b'c'$），则 DEF 平面即为所求，如图 5-6（b）所示。

【例 5-4】 试判别△ABC 平面与 $DEFG$ 平面是否平行，如图 5-7（a）所示。

分析：由两平面平行的几何条件可知，如果在 $DEFG$ 平面内作出两相交直线与△ABC 平面内的两相交直线对应平行，便可判定两平面平行，否则不平行。

作图步骤：

（1）在△ABC 平面内任选两相交直线 AB、BC；

（2）在 $DEFG$ 平面上过 G 点的水平投影 g 作出 $gm \parallel ab$、$gn \parallel bc$，并求出它们的正面投影 $g'm'$、$g'n'$，如图 5-7（b）所示；

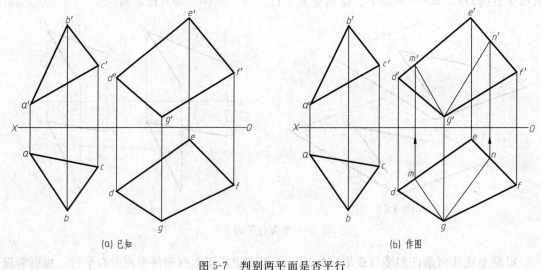

(a) 已知　　　　　　　　　　　　　　(b) 作图

图 5-7　判别两平面是否平行

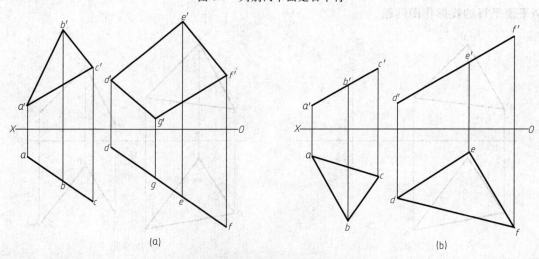

(a)　　　　　　　　　　　　　　　(b)

图 5-8　判别两特殊位置面是否平行

（3）从图中可知，$g'm'$ 与 $a'b'$、$g'n'$ 与 $b'c'$ 均不对应平行，由此可判定两平面不平行。

（2）若两特殊位置平面平行，则它们的积聚投影必然平行。

当判别两特殊位置平面是否平行时，只要检查它们的同面积聚投影是否平行即可。如图 5-8（a）所示，两铅垂面的水平投影平行，故两平面平行；如图 5-8（b）所示，两正垂面的正面投影平行，故两平面平行。

第二节　相交关系

直线与平面只有一个交点，它是直线与平面的公有点。它既属于直线，又属于平面。

两平面相交有一条交线（直线），它是两平面的公有线。欲求出交线，只需求出其上的两点或求出一点及交线的方向即可。

在求交点或交线的投影作图中，可根据给出的直线或平面的投影是否有积聚性，其作图方法有以下两种：

① 相交的特殊情况，即直线或平面的投影具有积聚性，可利用投影的积聚性直接求出交点或交线；

② 相交的一般情况，即直线或平面的投影均没有积聚性，可利用辅助面法求出交点或交线。

直线与平面相交、两平面相交时，假设平面是不透明的，沿投射线方向观察直线或平面，未被遮挡的部分是可见的，用粗实线表示；被遮挡的部分是不可见的，用虚线表示。显然，交点和交线是可见与不可见的分界点和分界线。

判别可见性的方法有两种：直观法和重影点法。

一、特殊情况相交

当直线或平面的投影有积聚性时，为相交的特殊情况。此时，可利用它们的积聚投影直接确定交点或交线的一个投影，其他投影可以运用平面上取点、取线或在直线上取点的方法确定。

1. 投影面垂直线与一般位置平面相交

【例 5-5】　求铅垂线 MN 与一般位置平面 ABC 的交点 K，如图 5-9 所示。

分析： 欲求图 5-9（a）线、面的交点，按图 5-9（b）的分析，因为交点是直线上的点，而铅垂线的水平投影有积聚性，所以交点的水平投影必然与铅垂线的水平投影重合；交点又是平面上的点，因此可利用平面上定点的方法求出交点的正面投影。

作图步骤：

（1）求交点：

① 在铅垂线的水平投影上标出交点的水平投影 k；

② 在平面上过 K 点水平投影 k 作辅助线 ad，并作出它的正面投影 $a'd'$；

③ $a'd'$ 与 $m'n'$ 的交点即是交点的正面投影 k'，如图 5-9（c）所示。

（2）判别直线的可见性：可利用重影点法判别。

因为直线是铅垂线，水平投影积聚为一点，不需判别其可见性，因此只需判别直线正面投影的可见性。直线以交点 K 为分界点，在平面前面的部分可见，在平面后面的部分不可见。见图 5-9（c），选取 $m'n'$ 与 $b'c'$ 的重影点 $1'$ 和 $2'$ 来判别。Ⅰ点在 MN 上，Ⅱ点在 BC

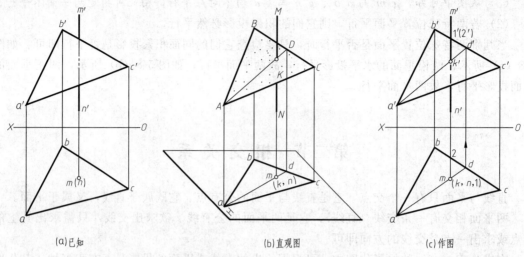

(a)已知　　　　(b)直观图　　　　(c)作图

图5-9　求特殊线与一般面的交点

上。从水平投影看1点在前可见，2点在后不可见。即 $k'1'$ 在平面的前面可见画成粗实线，其余部分不可见画成虚线，如图5-9（c）所示。

2. 一般位置直线与特殊位置平面相交

【例5-6】 求一般位置直线 AB 与铅垂面 P 的交点 K，如图5-10所示。

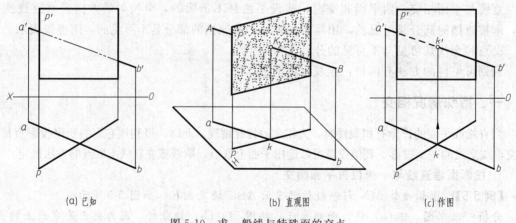

(a) 已知　　　　(b) 直观图　　　　(c) 作图

图5-10　求一般线与特殊面的交点

分析：欲求图5-10（a）线、面的交点，按图5-10（b）的分析，因为铅垂面的水平投影有积聚性，所以交点的水平投影必然位于铅垂面的积聚投影与直线的水平投影的交点处；交点的正面投影可利用线上定点的方法求出。

作图步骤：

（1）求交点：

① 在直线和平面的水平投影交点处标出交点的水平投影 k；

② 过 k 向上引投影联系线在 $a'b'$ 上找到交点的正面投影 k'，如图5-10（c）所示。

（2）判别可见性：可利用直观法判别。

判别正面投影的可见性。从水平投影看，以交点 k 为分界点，kb 段在 P 面的前面，故可见；ak 段在 P 面的后面，故不可见，如图5-10（c）所示。

3. 一般位置平面与特殊位置平面相交

【例5-7】 求一般位置平面 ABC 与铅垂面 P 的交线 MN，如图5-11所示。

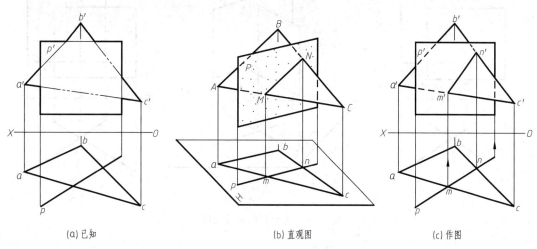

(a) 已知   (b) 直观图   (c) 作图

图 5-11 求一般面与特殊面的交线

分析： 正如前面所述，常把求两平面交线的问题看成求两个共有点的问题。所以欲求图5-11（a）中两平面的交线，按图5-11（b）分析只要求出交线上任意两点（ M 和 N ）就可以了。因为铅垂面的水平投影有积聚性，所以交线的水平投影必然位于铅垂面的积聚投影上；交线的正面投影可利用线上定点的方法求出，并连线即可。

作图步骤：

（1）求交线：

① 在平面的积聚投影 p 上标出交线的水平投影 mn ；

② 自 m 和 n 分别向上引联系线在 $a'c'$ 和 $b'c'$ 上找到 m' 和 n' ；

③ 连接 m' 和 n' ，即为交线的正面投影，如图5-11（c）所示。

（2）判别可见性：可利用直观法判别。

判别正面投影的可见性。从水平投影看，以交线 mn 为分界线，把平面 ABC 分成前后两部分。 CMN 在 P 面的前面可见， $ABNM$ 在 P 面的后面不可见，如图5-11（c）所示。

4. 两特殊位置平面相交

【例5-8】 求两铅垂面 P 、 Q 的交线 MN ，如图5-12所示。

分析： 求图5-12（a）中两铅垂面的交线，按图5-12（b）分析两铅垂面的水平投影都有积聚性，它们的交线是铅垂线，其水平投影必然积聚为一点；交线的正面投影为两面公有的部分。

作图步骤：

（1）求交线：

① 在两平面的积聚投影 p 、 q 相交处标出交线的水平投影 m （ n ）；

② 自 $m(n)$ 向上引联系线在 P 面的上边线及 Q 面的下边线找到 m' 和 n' ；

③ 连接 m' 和 n' ，即为交线的正面投影，如图5-12（c）所示。

（2）判别可见性：可利用直观法判别。

判别正面投影的可见性。从水平投影看，以交线 mn 为分界线，左面 P 面在前可见， Q 面在后不可见；交线的右面正好相反， Q 面可见， P 面不可见，如图5-12（c）所示。

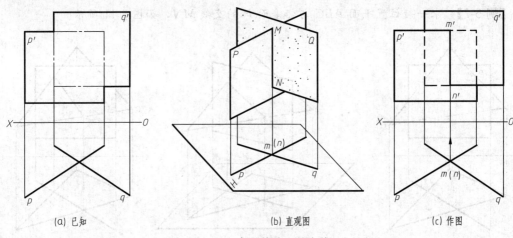

(a) 已知　　　　　　　　(b) 直观图　　　　　　　　(c) 作图

图 5-12　求两特殊面的交线

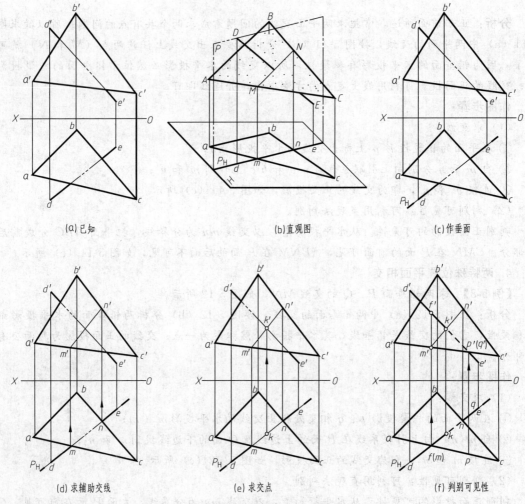

(a) 已知　　　　　　　　(b) 直观图　　　　　　　　(c) 作垂面

(d) 求辅助交线　　　　　　(e) 求交点　　　　　　(f) 判别可见性

图 5-13　求一般位置直线与一般位置平面的交点

二、一般情况相交

当给出的直线或平面的投影均没有积聚性，为相交的一般情况，可利用辅助面法求出交点或交线。

1. 一般位置直线与一般位置平面相交

【例 5-9】　求 *ABC* 平面与 *DE* 直线的交点 *K*，如图 5-13 所示。

分析： 如图 5-13（a）所示，当直线和平面都处于一般位置时，则不能利用积聚性直接求出交点的投影。如图 5-13（b）是用辅助平面法求解交点的空间分析示意图。直线 *DE* 与

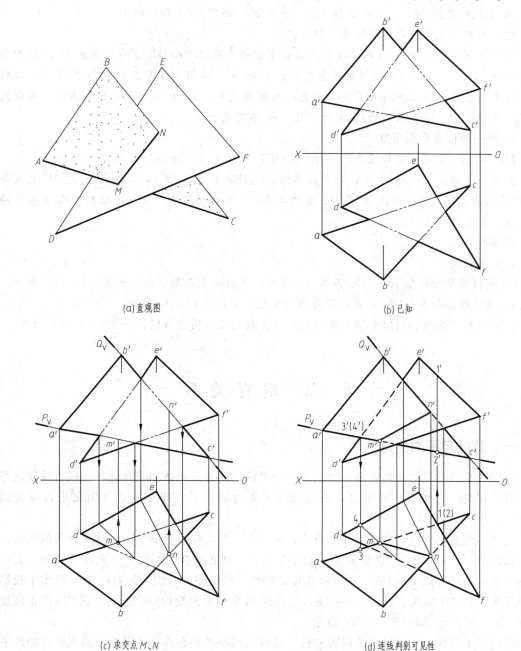

(a)直观图　　　　　　　　　　　　　(b)已知

(c)求交点 *M*、*N*　　　　　　　　　(d)连线判别可见性

图 5-14　求两一般位置平面的交线

平面 ABC 相交，交点为 K，过 K 点可在平面 ABC 上作无数条直线，而这些直线都可以与直线 DE 构成一平面，该平面称为辅助平面。辅助平面与已知平面 ABC 的交线 MN 与直线 DE 的交点 K 即为所求。为便于在投影图上求出交线，应使辅助平面 P 处于特殊位置，以便利用上述的方法作图求解。

作图步骤：

（1）求交点：

① 过直线 DE 作一辅助平面 P（P 面是铅垂面，也可作正垂面），如图 5-13（c）所示；

② 求铅垂面 P 与已知平面 ABC 的交线 MN，如图 5-13（d）所示；

③ 求辅助交线 MN 与已知直线 DE 的交点 K，如图 5-13（e）所示。

（2）判别可见性：利用重影点法判别。

如图 5-13（f）所示，在水平投影上标出交错两直线 AC 和 DE 上重影点 F 和 M 的重合投影 $f(m)$，过 f、m 向上作投影联系线求出 f' 和 m'。从图中可看出 F 点高于 M 点，说明 DK 段高于平面 ABC，水平投影 mk 可见，画成粗实线，而 kn 不可见，画成虚线。同理判别正面重影点 P、Q 前后关系，dk 段可见，ke 不可见。

2. 两一般位置平面相交

【例 5-10】求两一般位置平面 ABC 和 DEF 交线 MN，如图 5-14 所示。

分析： 如图 5-14（a）所示，两平面 ABC 和 DEF 的交线 MN，其端点 M 是 AC 直线与 DEF 平面的交点，另一端点 N 是 BC 直线与 DEF 平面的交点。可见用辅助平面法求出两个交点，再连线即是所求的交线。

作图步骤：

（1）求交线：

① 用辅助平面法求 AC、BC 两直线与 DEF 平面的交点 M、N，如图 5-14（c）所示；

② 用直线连接 M 点和 N 点，即为所的交线，如图 5-14（d）所示。

（2）判别可见性：利用重影点法判别，具体判别过程同前所述，如图 5-14（d）所示。

第三节 垂 直 关 系

一、直线与平面垂直

直线与平面垂直的几何条件：直线垂直于平面内的任意两条相交直线，则该直线与该平面垂直。同时，直线与平面垂直，则直线与平面内的任意直线都垂直（相交垂直或交错垂直）。

与平面垂直的直线，称该平面的垂线；反过来，与直线垂直的平面，称该直线的垂面。

如图 5-15（a）所示，直线 MN 垂直于平面 P，则必垂直于平面 P 上的所有直线，其中包括水平线 AB 和正平线 CD。根据直角投影特性，投影图上必表现为直线 MN 的水平投影垂直于水平线 AB 的水平投影（$mn \perp ab$），直线 MN 的正面投影垂直于正平线 CD 的正面投影（$m'n' \perp c'd'$），如图 5-15（b）所示。

由此得出直线与平面垂直的投影特性：垂线的水平投影必垂直于平面上的水平线的水平投影，垂线的正面投影必垂直于平面上的正平线的正面投影。

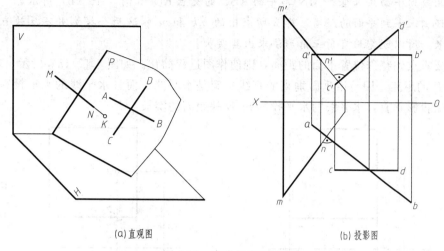

(a)直观图   (b)投影图

图 5-15 直线与平面垂直

反之，若直线的水平投影垂直于平面上的水平线的水平投影，直线的正面投影垂直于平面上的正平线的正面投影，则直线必垂直于该平面。

直线与平面垂直的投影特性通常用来图解有关垂直或距离的问题。

【例 5-11】 过定点 M 作平面 ABC 的垂线，并求出垂足 K，如图 5-16 所示。

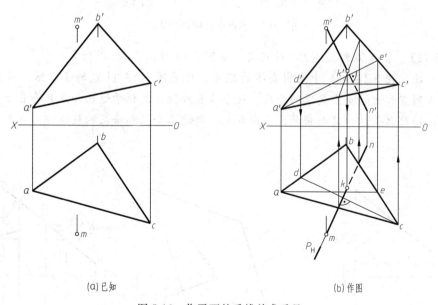

(a)已知   (b)作图

图 5-16 作平面的垂线并求垂足

分析：如图 5-16（a）所示，只要能知道平面垂线的两个投影方向，并求出垂线与平面的交点即可。根据直线与平面垂直的投影特性就可作出垂线的两面投影。

作图步骤：

（1）作平面上的正平线（ae，$a'e'$）和水平线（cd，$c'd'$）；

（2）过 m' 作 $a'e'$ 的垂线 $m'n'$，便是垂线的正面投影；过 m 作 cd 的垂线 mn，便是垂线的水平投影；

（3）用辅助平面法求垂线 MN 与平面 ABC 的交点 K，如图 5-16（b）所示。

如果还需求点到平面的距离，那么所求出的 mk 和 $m'k'$ 这两个投影并不反映点到平面距离的实长，所以还需用直角三角形法求出其实长。

如果要求点到特殊位置平面的距离，则使作图过程简化。如图 5-17（a）所示，求 N 点到铅垂面 P 的距离。因与铅垂面垂直的直线一定是水平线，而且水平线的水平投影应与铅垂面的积聚投影垂直，水平线的水平投影 ns 反映距离的实长。

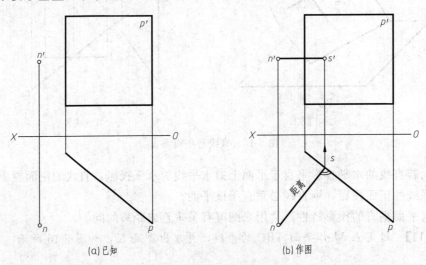

(a)已知　　　　　　　　　　　　(b)作图

图 5-17　求点到特殊面的距离

【例 5-12】 求 A 点到直线 BC 的距离，如图 5-18 所示。

分析： 欲求图 5-18（a）中点到直线的距离，可见图 5-18（b）的示意图。点到直线的距离等于点到直线间的垂直线段的长度。这个垂直线段必然位于过已知点且垂直于已知直线的垂面上。因此只要作出这个垂面，求出垂足，则连已知点和垂足的线段即为点到直线间的距离。

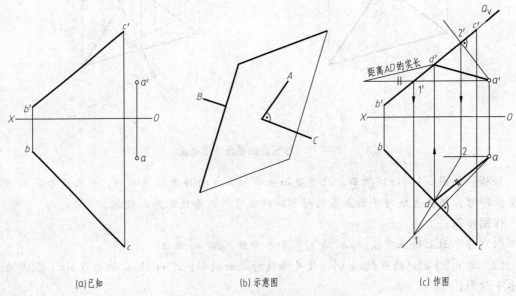

(a)已知　　　　　　　　(b)示意图　　　　　　　　(c)作图

图 5-18　求点到直线的距离

作图步骤：

（1）作垂面上的正平线（a2，a′2′）和水平线（a1，a′1′）；

（2）用辅助平面法求垂面ⅠAⅡ与BC的交点D，D点即为过A点作BC垂线的垂足（图中辅助平面为正垂面Q）；

（3）连A、D两点，并用直角三角形法求AD的实长，即为A点到BC直线的距离，如图5-18（c）所示。

二、两平面垂直

平面与平面垂直的几何条件：若直线垂直于平面，则包含这条直线的所有平面都垂直于该平面。反之，若两平面互相垂直，则由第一平面上的任意一点向第二平面所作的垂线一定属于第一个平面。

如图5-19（a）所示，AB直线垂直于P平面，则包含AB直线的Q、R两平面都垂直于P平面。那么过C点所作的P平面的垂线一定属于R平面。如图5-19（b）所示，由Ⅰ平面上的C点向Ⅱ平面作垂线CD，由于CD直线不属于Ⅰ平面，则两平面不垂直。

据此，可处理有关两平面互相垂直的投影作图问题。

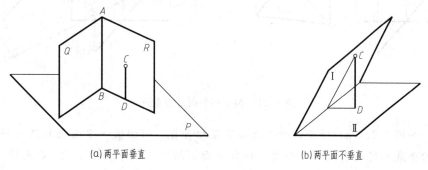

(a)两平面垂直　　　　　　　　(b)两平面不垂直

图5-19　示意图

【例5-13】　过D点作一平面，使它与ABC平面和P平面都垂直，如图5-20所示。

分析：见图5-20（a），根据两平面垂直的几何条件，过D点分别作两平面的垂线，该两垂线确定的平面与两已知平面都垂直。

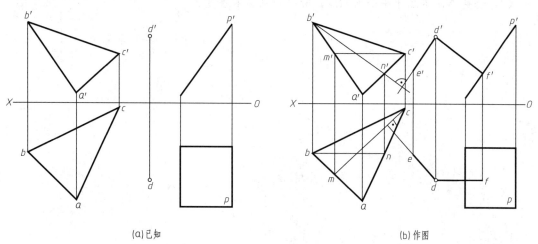

(a)已知　　　　　　　　　　　　(b)作图

图5-20　过点作一平面与两平面垂直

作图步骤:

(1) 根据直线与平面垂直的投影特性,首先在 ABC 平面上分别作水平线 MC 和正平线 BN,然后过 D 点作 ABC 平面的垂线,即 $de \perp mc$、$d'e' \perp b'n'$;

(2) 过 D 点作 P 平面的垂线 DF。因为 P 平面是正垂面,它的垂线一定是正平线,过 d' 点作 $d'f' \perp p'$,$df \parallel OX$,则 EDF 平面即为所求的平面,如图 5-20 (b) 所示。

【例 5-14】 试判别 $\triangle KMN$ 与两相交直线 AB 和 CD 所给定的平面是否垂直,如图 5-21 所示。

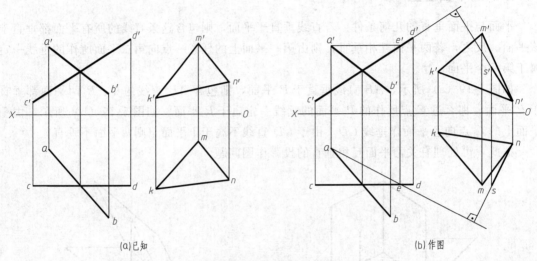

(a)已知   (b)作图

图 5-21 判别两平面是否垂直

分析: 如图 5-21 (a) 所示,两平面如果互相垂直,则由第一平面上的任意一点向第二平面所作的垂线一定属于第一个平面。任取平面 KMN 上的一点 N,过 N 点作 ABC 平面的垂线,再检查垂线是否属于平面 KMN。

作图步骤:

(1) 先在 $ABCD$ 平面上作水平线 AE 和正平线 CD(已知),然后过 N 点作 $ABCD$ 平面的垂线,即 $ns \perp ae$、$n's' \perp c'd'$,如图 5-21 (b) 所示;

(2) 检查 NS 不属于平面 KMN,所以两平面不垂直。

第六章　投影变换

第一节　投影变换的实质和方法

工程中经常要解决这样一些问题，比如：求物体某个斜面的真实形状；求某两个斜面之间夹角的实际大小；求两个交叉管道之间的实际距离等。对于这些问题，都可以用图解法来解决。为作图简便，通常是将物体抽象为点、线、面等几何元素的组合，应用图解法求出结果后，再回到实际的设计中去。

通过前面的学习，我们知道当空间元素相对于投影面处于一般位置时，求解它们的定位和度量问题比较复杂。而当空间几何元素相对投影面处于特殊位置时，则一些空间问题的求解就能得到简化。例如，在图 6-1（a）中，欲求点 D 到平面$\triangle ABC$ 的距离。平面$\triangle ABC$ 为一般位置平面，求距离时需自点 D 作平面$\triangle ABC$ 的垂线，然后求出垂足 K，再作出 DK 的实长；而在图 6-1（b）中，平面$\triangle ABC$ 垂直于投影面 V，这时，点 d' 到线段 $a'b'c'$ 的距离就反映了点 D 到平面$\triangle ABC$ 的距离。

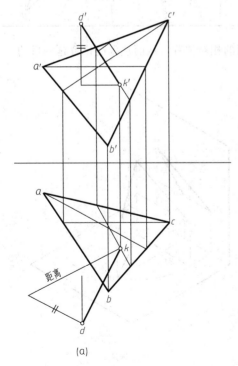

(a)

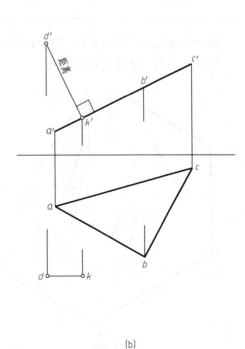

(b)

图 6-1　求点到平面的距离

由此可见，当我们进行图解或图示时，如果能改变几何元素对投影面的相对位置，使其由一般位置变换成有利于解题的特殊位置，问题就容易解决了，如表 6-1 所示。

表 6-1　几何元素间常见问题求解方法

实长（或实形）		交点（或交线）		
线段的实长	平面的实形	直线与平面相交	两平面相交	两平面相交

距　离				
点到直线的距离	两直线间的距离	点到平面的距离	直线到平面的距离	两平面间的距离

投影变换就是研究如何改变空间几何元素与投影面的相对位置，从而达到简化解题的目的。

投影变换的方法常用的有两种：

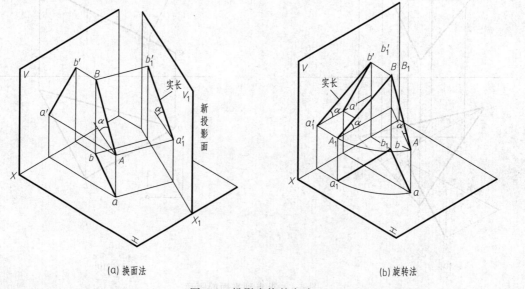

(a) 换面法　　　　　　　　　　　(b) 旋转法

图 6-2　投影变换的方法

（1）换面法：给出的几何元素不动，用新投影面替换旧投影面，使几何元素相对新投影面处于有利解题位置。如图 6-2（a）所示，用新 V_1 面替换旧 V 面，把一般位置直线 AB 变换成 V_1 面的平行线，新投影 $a_1'b_1'$ 反映实长。

（2）旋转法：投影面保持不动，让几何元素绕一定的轴线旋转，使旋转后的几何元素相对投影面处于有利解题的位置。如图 6-2（b）所示，让一般位置直线 AB 绕轴线（过 B 点的铅垂线）旋转，把 AB 直线变换成 V 面的平行线，新投影 $a_1'b_1'$ 反映实长。

本章将分别讨论换面法和旋转法的作图原理和基本作图，并运用基本作图来解决空间几何问题。

第二节 换 面 法

一、基本原理

1. 点的一次变换

如图 6-3 所示，点 A 在 V/H 投影体系中的投影为 a'、a，用新投影面 V_1 替换旧投影面 V，不变投影面 H，并使 $V_1 \perp H$，于是，投影面 H 和 V_1 就形成了新的两面投影体系 V_1/H，它们的交线 X_1 成为新的投影轴。原 V/H 投影体系称为旧体系，X 称为旧轴。A 点在 V_1 面上的投影，记 a_1'，称新的投影；在 V 面上的 a'，称旧的投影；在 H 面上的投影 a，称不变的投影。

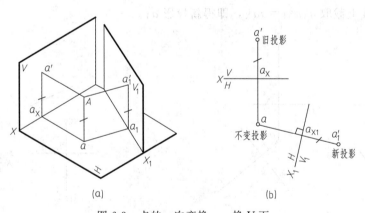

图 6-3 点的一次变换——换 V 面

当将投影面 V、H 和 V_1 展开在一个平面上时，根据点的正面投影规律，可知新投影 a_1' 与不变投影 a 连线垂直于新轴 X_1，即 $aa_1' \perp X_1$，新投影 a_1' 到新轴 X_1 的距离等于旧投影 a' 到旧轴 X 的距离（等于空间点 A 到 H 面的距离），即 $a_1'a_{X1} = a'a_X$（$= Aa$）。由此对点的换面可以归纳出如下规律：

（1）点的新投影和不变投影的连线垂直于新轴（$aa_1' \perp X_1$）；

（2）点的新投影到新轴的距离等于旧投影到旧轴的距离（$a_1'a_{X1} = a'a_X$）。

如图 6-4 所示，在两面投影体系 V/H 中，用新的投影面 H_1 替换投影面 H，不变投影面 V，并使 $H_1 \perp V$，于是投影面 V 和 H_1 就形成了新的投影体系 V/H_1，它们的交线 X_1 是

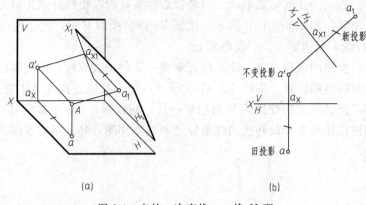

图 6-4 点的一次变换——换 H 面

新投影轴，点 A 在 H_1 面上的投影 a_1，称新投影；H 面上的投影 a，称旧投影；V 面上的投影 a'，称不变投影。

当将投影面 V、H 和 H_1 展开在一平面上时，其点换面规律和作图步骤同上。

由上述点的换面规律，即可根据点的两投影 a'、a 和新轴 X_1，作出其 V_1 上的新投影，如图 6-5 所示，作图步骤如下：

（1）自 a 引投影连线垂直于 X_1 轴；

（2）在垂线上截取 $a_1'a_{X1}=a'a_X$，即得新投影 a_1'。

如图 6-6 所示，根据点的两投影 a'、a 和新轴 X_1，作出其 H_1 上的新投影，作图步骤如下：

（1）自 a'引投影连线垂直于 X_1 轴；

（2）在垂线上截取 $a_1a_{X1}=aa_X$，即得新投影 a_1。

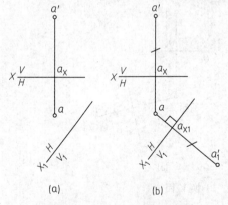

图 6-5 求 V_1 面上的新投影

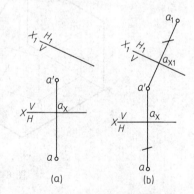

图 6-6 求 H_1 面的新投影

2. 点的二次变换

在空间几何问题解题中，一次换面经常不能满足解题需要，必须要进行两次（或更多次的）换面，而且点在一次换面时的两条作图规律，对于多次换面也适用。

如图 6-7 所示，在 V/H 体系中，第一次用 V_1 面替换 V 面，形成 V_1/H 新体系，第二次再用 H_2 面替换 H 面，形成新体系 V_1/H_2，它们的交线 X_2 是新轴，a_2 是新投影。而 V_1/H 便成了旧体系，X_1 是旧轴，a 是旧投影，a_1'是不变投影。点二次换面的作图与一次换面的道理一样，即 $a_2a_1'\perp X_2$，$a_2a_{X2}=aa_{X1}$。

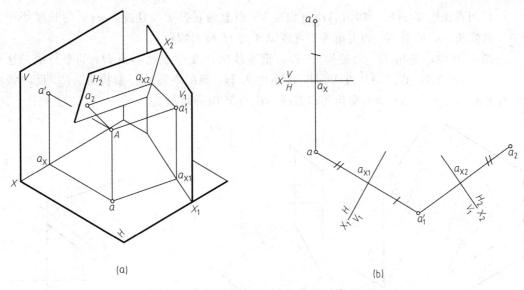

(a)

(b)

图 6-7　点的两次换面（先换 V 面后换 H 面）

在图 6-8（a）中，已知 B 点的两投影 b' 和 b，及新轴 X_1 和 X_2，求它们在 H_1 面上和 V_2 面上的新投影 b_1、b_2'。

图 6-8（b）给出了它的作图方法：

（1）过 b' 作 X_1 轴垂线，并截取 $b_1 b_{X1} = b b_X$，得 H_1 面上的新投影 b_1；

（2）过 b_1 作 X_2 轴垂线，并截取 $b_2' b_{X2} = b' b_{X1}$，得 V_2 面上的新投影 b_2'。

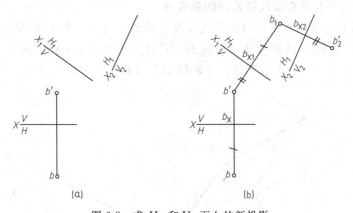

(a)

(b)

图 6-8　求 H_1 和 V_2 面上的新投影

二、基本作图

1. 把一般位置直线变换成投影面的平行线

如图 6-9（a）所示，要把一般位置直线 AB 变换为投影面的平行线，可用 V_1 面替换 V 面，并让 $V_1 \perp H$、$V_1 /\!/ AB$，这样直线 AB 就在 V_1/H 体系中成为 V_1 面的平行线。而且在不变投影面 H 上，必然有新轴 X_1 平行于不变投影 ab，即 $X_1 /\!/ ab$。

作图：

（1）作新投影轴 $X_1 /\!/ ab$，如图 6-9（b）所示；

（2）分别作出 A、B 两点在 V_1 面上的新投影 $a_1' b_1'$；

（3）用直线连接 $a'_1b'_1$，即为 AB 直线在 V_1 面上的新投影，且投影 $a'_1b'_1$ 的长度等于线段 AB 的实长，$a'_1b'_1$ 与 X_1 的夹角等于直线 AB 与 H 面的倾角 α。

在图 6-10 中，是用 H_1 面替换 H 面，把直线 AB 变换成投影面 H_1 的平行线，这里 $H_1 \perp V$、$H_1 /\!/ AB$，直线 AB 在 V/H_1 体系中为 H_1 面的平行线。新投影 a_1b_1 反映线段 AB 的实长，a_1b_1 与 X_1 轴的夹角等于直线 AB 与 V 面的倾角 β。

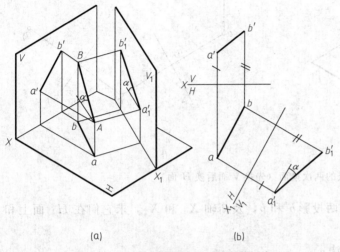

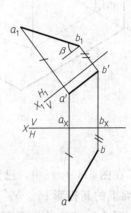

图 6-9 一般位置线变成 V_1 面的平行线

图 6-10 一般位置线变成 H_1 面的平行线

2. 把投影面的平行线变换成投影面的垂直线

如图 6-11 所示，要把正平线 AB 变换成投影面的垂直线，必须用 H_1 面去替换 H 面，并使 $H_1 \perp V$、$H_1 \perp AB$，这样直线 AB 在 H_1/V 体系中成为 H_1 面的垂直线。而且在不变投影面 V 上，必然有不变投影 $a'b'$ 垂直于新轴 X_1，即 $X_1 \perp a'b'$。

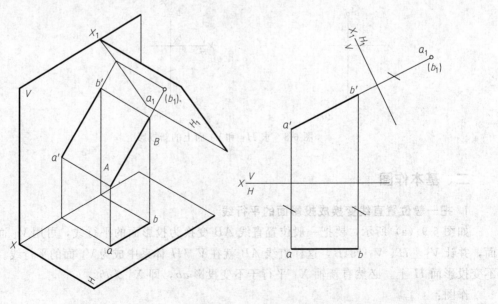

图 6-11 正平线变成 H_1 面的垂直线

作图：

(1) 作新投影轴 $X_1 \perp a'b'$，如图6-11 (b)；

(2) 作出 A、B 两点在 H_1 面的新投影 a_1 (b_1)（积聚成一点）。

在图6-12中，是把水平线 AB 变换成 V_1 面垂直线的作图方法，所设新轴 X_1 要垂直于实长投影 ab，作出的新投影 (a_1') b_1' 积聚成一点。

3. 把一般位置直线变换成投影面的垂直线

由上述两个基本作图可知，要把一般位置直线变换成投影面的垂直线，必须经过两次变换，如图6-13所示，第一次换面是把一般位置直线变换成投影面的平行线，第二次换面再把投影面的平行线变换成投影面的垂直线。具体作图过程如图6-9和图6-11所示。

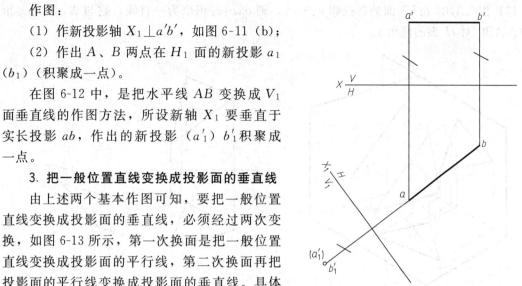

图6-12 水平线变成 V_1 面的垂直线

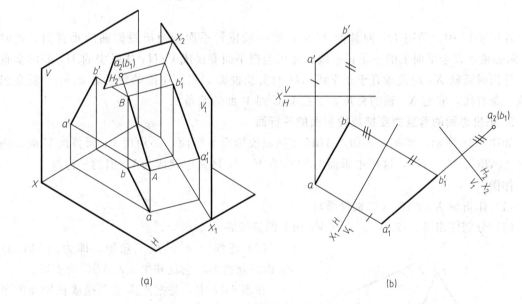

(a)   (b)

图6-13 一般位置线变成 H_2 面的垂直线

4. 把一般位置平面变换成投影面垂直面

如图6-14所示，要把一般位置面 $\triangle ABC$ 变换成投影面的垂直面，可用 V_1 面替换 V 面，使 $V_1 \perp H$、$V_1 \perp \triangle ABC$，为此应该在 $\triangle ABC$ 上先作一条水平线 AD，然后让 V_1 面与水平线 AD 垂直，同时又垂直于 H 面。

作图：

(1) 在 $\triangle ABC$ 上作水平线 AD，其投影为 $a'd'$ 和 ad，如图6-14 (b) 所示；

(2) 作新投影轴 $X_1 \perp ad$；

（3）作△ABC在V_1面的新投影$a_1'b_1'c_1'$，则$a_1'b_1'c_1'$积聚为一直线，它与X_1轴的夹角反映△ABC对H面的倾角α。

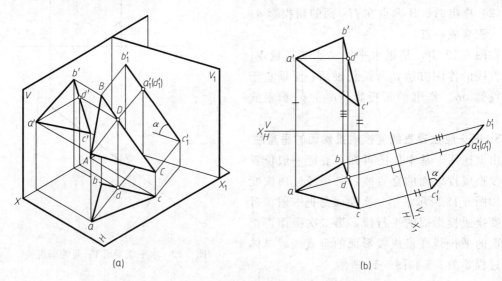

(a)　　　　　　　　　　　　(b)

图6-14　一般位置面变换成V_1面的垂直面

在图6-15中，是用H_1面替换H面，把一般位置平面变换成投影面的垂直面，此时H_1面必须垂直于平面上的一条正平线，才可能把平面变换成V/H_1体系中的H_1面的垂直面。作图时新轴X_1应该垂直于正平线AD的实长投影$a'd'$，作出的新投影$a_1b_1c_1$就会积聚成一条直线，它与X_1轴的夹角等于△ABC对V面的倾角β。

5. 把投影面的垂直面变换成投影面的平行面

如图6-16所示，要把铅垂面△ABC变换成投影面平行面，必须用V_1面替换V面，使V_1∥△ABC、V_1⊥H，这样铅垂面△ABC在V_1/H体系中就成为V_1面的平行面。

作图：

（1）作新轴X_1∥abc（积聚投影）；

（2）分别作出A、B、C三点在V_1面上的新投影a_1'、b_1'、c_1'；

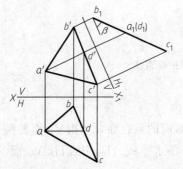

图6-15　一般位置面变成H_1面的垂直面

（3）连线$a_1'b_1'c_1'$成三角形，即为△ABC在V_1面的新投影，它反映平面△ABC的实形。

在图6-17中，是把正垂面变换成投影面的平行面，这时必须用H_1面替换H面，使H_1∥△ABC、H_1⊥V，这样△ABC在H_1/V体系中就成为了平行于H_1面的平行面。作图时新轴X_1要平行于$a'b'c'$（积聚投影），新投影$a_1b_1c_1$反映△ABC的实形。

6. 把一般位置面变换成投影面的平行面

如图6-18所示，要把一般位置面变换成投影面的平行面需要两次换面，第一次要把平面△ABC变换成投影面的垂直面，第二次再把它变换成投影面的平行面。作图过程如图6-14和图6-17所示。

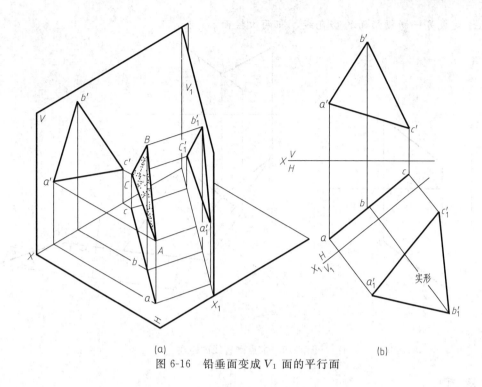

图 6-16 铅垂面变成 V_1 面的平行面

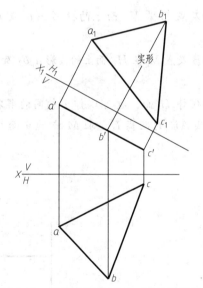

图 6-17 正垂面变换成 H_1 面的平行面

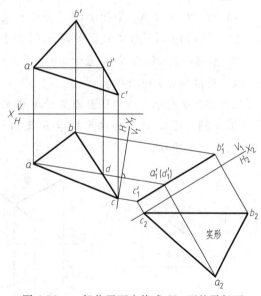

图 6-18 一般位置面变换成 H_2 面的平行面

三、应用举例

【例 6-1】 求点 M 到直线 AB 的距离，如图 6-19（a）所示。

分析： 求点 M 到直线 AB 的距离就是过 M 点作与 AB 直线垂直相交的线段，线段的实长就是点 M 到直线 AB 的距离。根据直角投影定理可知，当两相互垂直的直线中有一条平行于某一投影面时，它们在该投影面上的投影仍为直角。因此，为了能在投影图上由 M 点直接向直线 AB 作垂线，应该先把直线 AB 变成新投影面的平行线。然后为了求实长，再把

直线 AB 变成另一新投影面的垂直线，即两次换面。

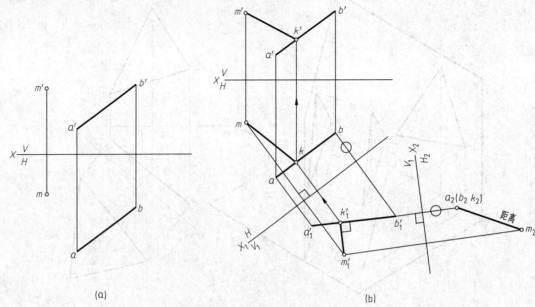

(a)   (b)

图 6-19 求点到直线的距离

作图步骤：

（1）作新投影轴 X_1 平行于 ab，并求出直线 AB 及点 M 在 V_1 面上的投影 $a_1'b_1'$ 及 m_1'；

（2）过 m_1' 向 $a_1'b_1'$ 作垂线，并与 $a_1'b_1'$ 交于 k_1' 点；

（3）作另一新投影轴 X_2 垂直于 $a_1'b_1'$，并求出直线 AB 及点 M 在 H_2 面上的投影 a_2b_2 及 m_2；

（4）连接 m_2k_2 即为所求。

此题若用平行于直线 AB 且垂直于 V 面的 H_1 面代替 H 面，也可以作出相同的解答。

【例 6-2】 已知 M 点的水平投影 m 及 M 点到直线 AB 的距离 L，求 M 点的正面投影，如图 6-20（a）所示。

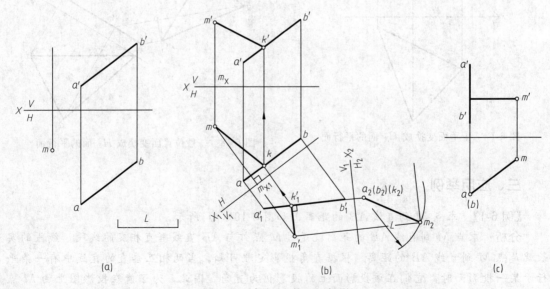

(a)   (b)   (c)

图 6-20 求点 M 的正面投影

分析：当直线 AB 为投影面垂直线时，直线积聚投影与 M 点投影之间的距离等于 M 点到 AB 线的实际距离，如图 6-20（c）所示。要把一般线变换为投影面的垂直线，需要二次变换。

作图步骤：

（1）作新轴 $X_1 /\!/ ab$，如图 6-20（b）所示；

（2）作出直线 AB 在 V_1 面的新投影 $a_1' b_1'$；

（3）作新轴 $X_2 \perp a_1' b_1'$；

（4）作出直线 AB 在 H_2 面上的新投影 $a_2(b_2)$；

（5）求 M 点在 H_2 面的新投影 m_2，是以 $a_2(b_2)$ 为圆心，以 L 为半径画圆，并与距离 X_2 等于 mm_{X1} 的平行线相交于 m_2；

（6）分别过 m、m_2 向 X_1 和 X_2 轴作投影联系线相交于 m_1'，过 m 向 X 轴作投影联系线，取 $m'm_X = m_1' m_{X1}$，m' 即是 M 点在 V 面的投影。

图 6-20（b）中也作出了 M 点到 AB 直线间垂直线段 MK 的 V、H 投影。

【**例 6-3**】 求作点 S 到平行四边形 $ABCD$ 的距离，如图 6-21（a）所示。

分析：当平面为投影面的垂直面时，如图 6-21（c）所示，利用平面投影的积聚性，能直接作出点到平面的距离，此距离为投影面的平行线，所以本题可采用一次换面，将平行四边形 $ABCD$ 变换成 V_1 面的垂直面。

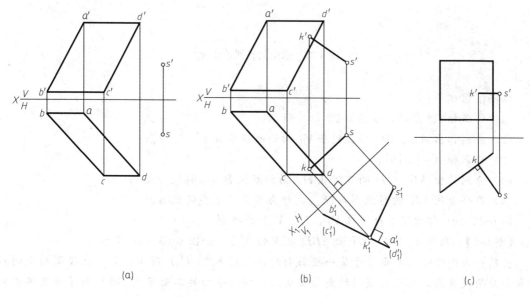

(a) (b) (c)

图 6-21 换面法求点到平面的距离

作图步骤：

（1）作 X_1 轴垂直于平行四边形 $ABCD$ 上的水平线的水平投影，即 $X_1 \perp ad$，如图 6-21（b）所示；

（2）作出 S 点和 $ABCD$ 面的新投影，并作 $s_1' k_1' \perp a_1' b_1' c_1' d_1'$，得垂足 k_1'（$s_1' k_1'$ 反映距离实长）；

（3）返回作图求出 K 点在 H 面、V 面投影 k、k'（$sk /\!/ X_1$）；连接 s'、k' 和 s、k，则 $s'k'$ 和 sk 即为距离线段在 V 和 H 面上的投影。

【例6-4】 求两交错直线 AB、CD 的距离，如图6-22（a）所示。

分析：AB、CD 交错两直线之间的距离为其公垂线，若将两交错直线中的直线 AB（或 CD），变换为新投影面的垂直线，这时公垂线 LK 必成为平行于新投影面的平行线，如图6-22（b）所示，其投影反映实长，且公垂线 LK 与直线 CD 在新投影面上的投影成直角。

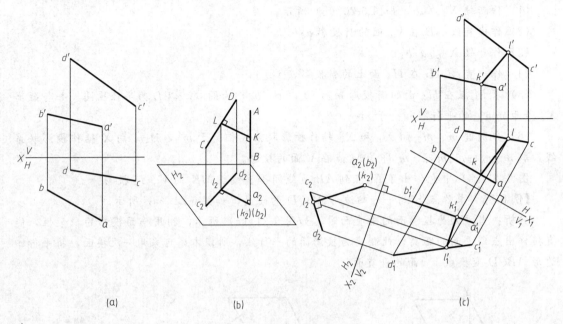

图6-22　求交错直线的距离

作图步骤：

（1）作新轴 $X_1 // ab$，如图6-22（c）所示；

（2）分别作出 AB、CD 两直线在 V_1 面的新投影 $a_1' b_1'$、$c_1' d_1'$；

（3）作新轴 $X_2 \perp a_1' b_1'$；

（4）分别作出 AB、CD 两直线在 H_2 面的新投影 $a_2(b_2)$、$c_2 d_2$；

（5）作公垂线 LK 的新投影 $l_2(k_2)$，即为两交错直线的距离。

图6-22（c）作出了公垂线在 V_1、H、V 面的投影。

【例6-5】 求平面 ABC 与平面 ABD 之间的夹角，如图6-23（a）所示。

分析：当两平面同时垂直于某一投影面时，如图6-23（b）所示，它们在投影面上的投影积聚为两段直线，此两直线间的夹角就反映空间两平面的二面角 θ。要将两平面变换成新投影面的垂直面，只要把它们的交线变换为新投影面的垂直线即可。本题若把一般位置线 AB 变换为投影面的垂直线，需要两次换面。

作图步骤：

（1）作新轴 $X_1 // ab$，如图6-23（c）所示；

（2）作出两平面各顶点的新投影 a_1'、b_1'、c_1'、d_1'；

（3）作新轴 $X_2 \perp a_1' b_1'$；

（4）作出两平面二次变换的新投影，积聚为两条直线 $a_2(b_2) c_2$ 和 $a_2(b_2) d_2$，则两直线的夹角就是两平面间的二面角 θ，如图6-23（c）所示。

【例6-6】 如图6-24（a）所示，求直线 MN 与平面 ABC 的交点。

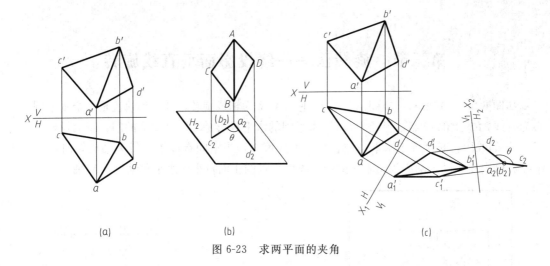

（a）　　　　　　　　　　（b）　　　　　　　　　　（c）

图 6-23　求两平面的夹角

分析：用一次换面可把平面变换成投影面的垂直面，然后利用平面的积聚投影作出交点的各个投影。

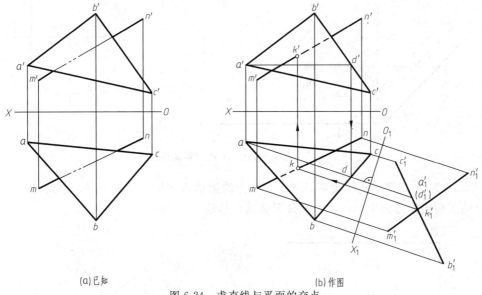

（a）已知　　　　　　　　　　　　　　　（b）作图

图 6-24　求直线与平面的交点

作图步骤：

（1）在平面 ABC 上作一条水平线 AD；

（2）作新轴 $O_1X_1 \perp ad$；

（3）作出直线 MN 和平面 ABC 的新投影 $m'_1n'_1$ 和积聚投影 $a'_1b'_1c'_1$，它们的交点 k'_1 即为所求交点 K 的新投影；

（4）过 k'_1 作垂直于 O_1X_1 的投影连线，交 mn 于 k，然后再作出 K 点的正面投影 k'；

（5）利用重影点判别直线的可见性，如图 6-24（b）所示。

第三节　旋转法——绕投影面垂直线旋转

如图 6-25（a）所示，空间点 A 以铅垂线 MN 为轴线旋转，其运动轨迹是一个水平圆，圆心为直线 MN 上的 O 点，半径为 OA，水平圆的水平投影是反映其实形的圆，正面投影是平行于 X 轴的线段，长度等于水平圆的直径。由此可知，当空间点绕铅垂线为轴旋转时，点的水平投影做圆周运动，圆心为铅垂线的积聚投影，点的正面投影做水平移动（∥X 轴）。

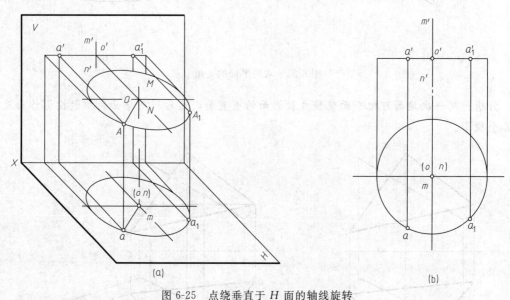

图 6-25　点绕垂直于 H 面的轴线旋转

图 6-26 为 A 点绕正垂线旋转时情况，A 点的运动轨迹是一个正平圆，因此，在正面投影上点的正面投影做圆周运动，水平投影做水平移动。

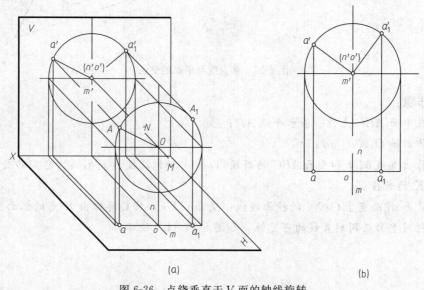

图 6-26　点绕垂直于 V 面的轴线旋转

具体作图时，要先作投影点运动轨迹为圆的投影，再作运动轨迹为水平移动的投影。

【例6-7】 求一般位置直线 AB 的实长及对 H 面倾角 α，如图6-27（a）所示。

分析： 如图6-27（b）所示，让一般位置直线 AB 绕铅垂线为轴线旋转，可把它变换成正平线，新的正面投影 $a_1'b_1'$ 反映 AB 直线实长，且它与 X 轴的夹角等于 AB 直线对 H 面的倾角 α。为作图简便起见，选择通过端点 B 的铅垂线作旋转轴，这样 B 点在直线旋转过程中位置不变，只须旋转另一端点 A 即可完成作图。

作图步骤：

（1）以 b 为圆心（也是轴线的积聚投影），以 ab 为半径，把 ab 旋转到 a_1b 位置，且使 $a_1b // X$ 轴，如图6-27（c）所示；

（2）由 a' 作 X 轴的平行线，在该线上求得 a_1'，连接 $a_1'b'$ 即得旋转后的正面投影。

投影 $a_1'b'$ 反映 AB 直线的实长，它与 X 轴的夹角反映 AB 对 H 面的倾角 α。

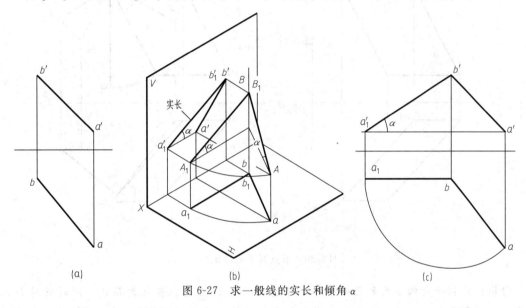

图6-27 求一般线的实长和倾角 α

【例6-8】 求正垂面 $\triangle ABC$ 的实形，如图6-28（a）所示。

分析： 如图6-28（b）所示，要把垂直于 V 面的 $\triangle ABC$ 旋转到平行于 H 面的位置，必

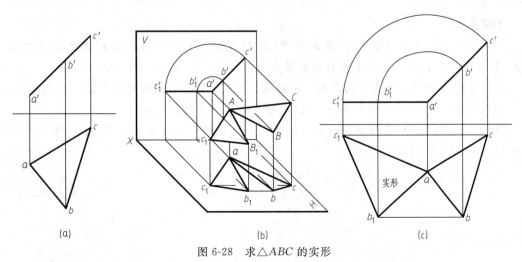

图6-28 求 $\triangle ABC$ 的实形

须选择正垂线为轴线，可让轴线通过 A 点，当△ABC 旋转至平行于 H 面的新位置 AB_1C_1 时，它在 V 面上新投影 $a'b_1'c_1'$ 应成为平行于 X 轴的直线，在 H 面上新投影 ab_1c_1 则反映实形。

作图步骤：

（1）以 a' 为圆心，$a'b'$、$a'c'$ 为半径，使新投影 $a'b_1'c_1'$ 旋转至平行于 X 轴的位置，如图 6-28（c）所示；

（2）过 b、c 作 X 轴的平行线，分别与过 b_1'、c_1' 的投影联系线相交于 b_1、c_1 两点；

（3）连线△ab_1c_1，即为△ABC 的实形。

【例 6-9】 求点 S 到平行四边形 $ABCD$ 的距离，如图 6-29（a）所示。

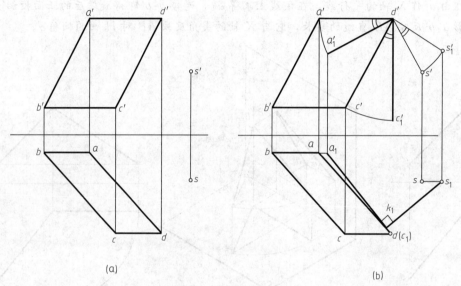

(a)   (b)

图 6-29　求点到平面的距离

分析： 根据平行四边形的已知条件，可选择通过 D 点的正垂线为轴线，同时旋转 S 点和平行四边形上的 A、C、D 三点（此三点确定平行四边形 $ABCD$），并使 CD 边旋转成为铅垂线，则旋转后的平面垂直于 H 面。利用平面的积聚投影，可确定 S 点到平行四边形 $ABCD$ 的距离。

作图步骤：

（1）把平行四边形 $ABCD$ 上的正平线 CD 边旋转成铅垂线（轴线为通过 D 点的正垂线），得正面投影 $c_1'd' \perp X$，水平投影积聚为一点 d（c_1），如图 6-29（b）所示；

（2）与 C 点同轴、同角、同方向，旋转 A、S 点，作出它们的新投影 a_1'、s_1' 和 a_1、s_1；

（3）连接 a_1d（c_1）（积聚成一直线），即为平行四边形的新投影；

（4）由 s_1 向平行四边形积聚投影 a_1d（c_1）作垂线，垂足为 k_1，则 s_1k_1 即为 S 点到平行四边形 $ABCD$ 的距离。

第七章 立体的投影

工程上的形体，不论形状多么复杂，都可以看作是由基本几何体按照不同的方式组合而成的。基本几何体为表面规则而单一的几何体。按其表面性质，可以分为平面立体和曲面立体两类。

（1）平面立体：立体表面全部由平面所围成的立体，如棱柱和棱锥等。

（2）曲面立体：立体表面全部由曲面或曲面和平面所围成的立体，如圆柱、圆锥、圆球、圆环等。

第一节 平面立体的投影及表面上的点和线

平面立体的各表面都是平面图形，面与面的交线是棱线。棱线与棱线的交点为顶点。在投影图上表示平面立体就是把组成平面立体的平面和棱线表示出来，并判断可见性，可见的平面或棱线的投影（称为轮廓线）画成粗实线，不可见的轮廓线画成虚线。

一、棱柱

棱柱由两个底面和若干棱面组成，棱面与棱面的交线称为棱线，棱线互相平行。棱线与底面垂直的棱柱称为正棱柱。本节仅讨论正棱柱的投影。

1. 棱柱的投影

棱柱按棱线的数量分为三棱柱、四棱柱等。以正六棱柱为例，如图 7-1（a）所示为一正六棱柱，由上、下两个底面（正六边形）和六个棱面（长方形）组成。为了表达形体特征，以便看图和画图方便，设将其放置成上、下底面与水平投影面平行，并有两个棱面平行于正投影面。

图 7-1（b）所示是六棱柱的三面投影图。上、下两底面均为水平面，它们的水平投影重合并反映实形，正面及侧面投影积聚为两条相互平行的直线。六个棱面中的前、后两个为正平面，它们的正面投影反映实形，水平投影及侧面投影积聚为一直线。其他四个棱面均为铅垂面，其水平投影均积聚为直线，正面投影和侧面投影均为类似形。

正棱柱的投影特征：当棱柱的底面平行某一个投影面时，则棱柱在该投影面上投影的外轮廓为与其底面全等的正多边形，而另外两个投影则由若干个相邻的矩形线框所组成。

为保证六棱柱投影间的对应关系，三面投影图必须保证：正面投影和水平投影长对正，正面投影和侧面投影高平齐，水平投影和侧面投影宽相等。这也是三面投影图之间的"三等关系"。

2. 棱柱表面上点的投影

平面体表面上取点实际就是在平面或棱线（直线）上取点。不同的是平面体表面上的点

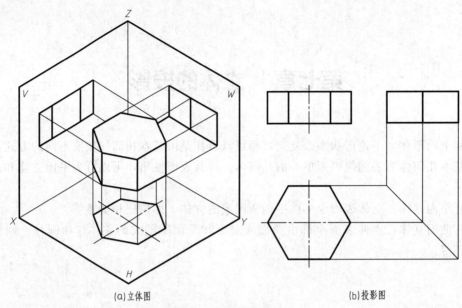

(a)立体图   (b)投影图

图 7-1　正六棱柱的投影

存在着可见性问题。规定点的投影用"○"表示，可见点的投影用相应投影面的投影符号表示，如 m、m'、m''等，不可见点的投影用相应投影面的投影符号加括号表示，如（n）、（n'）、（n''）等。

棱柱表面上取点方法：利用点所在的面的积聚性法（因为正棱柱的各个面均为特殊位置面，均具有积聚性）。

首先应根据点的位置和可见性确定点位于立体的哪个平面上，并分析该平面的投影特性，然后再根据点的投影规律求得。

【例 7-1】　如图 7-2（a）、（b）所示，已知棱柱表面上点 M、N 的正面投影 m'、n'，求作它们的其他两面投影。

分析：因为 m' 可见，所以点 M 必在左前棱面 $ABCD$ 上。此棱面是铅垂面，其水平投影积聚成一条直线，故点 M 的水平投影 m 必在此直线上，再根据 m、m' 可求出 m''。由于 $ABCD$ 的侧面投影为可见，故 m'' 也为可见。因为 n' 不可见，所以点 N 必在右后棱面上。此棱面也是铅垂面，其水平投影积聚成一条直线，故点 N 的水平投影 n 必在此直线上，再根据 n、n' 可求出 n''。由于右后棱面的侧面投影不可见，故 n'' 也不可见。

作图步骤［如图 7-2（c）所示］：

（1）从 m' 向 H 面作投影连线与六棱柱左前棱面 $ABCD$ 的水平投影相交求得 m，由 m 和 m' 求得 m''。从 n' 向 H 面作投影连线与右后棱面的水平投影相交求得 n，由 n 和 n' 求得 n''。

（2）判断可见性：可见性的判断原则是若点所在面的投影可见（或有积聚性），则点的投影也可见。由此可知 m' 和 m'' 均可见，n' 和 n'' 均不可见。

特别强调：点与积聚成直线的平面重影时，视为可见，投影不加括号。

3. 棱柱的表面上线的投影

平面立体表面上取线实际还是在平面上取点。不同的是平面立体表面上的线存在着可见性问题。可见面上的线可见，用粗实线表示，不可见面上的线不可见，用虚线表示。

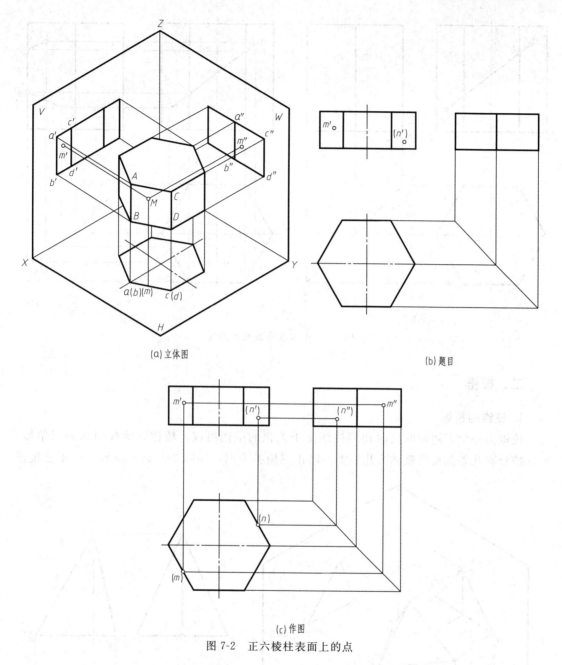

(a) 立体图

(b) 题目

(c) 作图

图 7-2　正六棱柱表面上的点

　　方法：利用点所在的面的积聚性法（因为正棱柱的各个面均为特殊位置面，均具有积聚性）。

　　首先应确定点位于立体的哪个平面上，并分析该平面的投影特性，然后再根据点的投影规律求各点的投影，最后将各点的投影连线。

　　以六棱柱为例，五棱柱、三棱柱等的取线问题类推。

　　【例 7-2】　如图 7-3（a）所示，已知六棱柱表面上线 $ABCD$ 的正面投影，求作它的其他两面投影。

　　分析作图：首先按照例 7-1 的方法将 A、B、C、D 四个点的水平投影和侧面投影求出，然后将各点连线。连线时需判断可见性，即面可见，面上的线可见，反之亦然。作图步骤如图 7-3（b）所示。

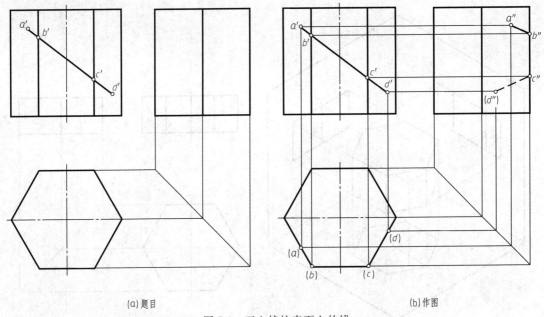

(a) 题目   (b) 作图

图 7-3   正六棱柱表面上的线

二、棱锥

1. 棱锥的投影

棱锥由一个多边形的底面和侧棱线交于锥顶的平面组成。棱锥的侧棱面均为三角形平面，棱锥有几条侧棱线就称为几棱锥。以正三棱锥为例，如图 7-4（a）所示为一正三棱锥，

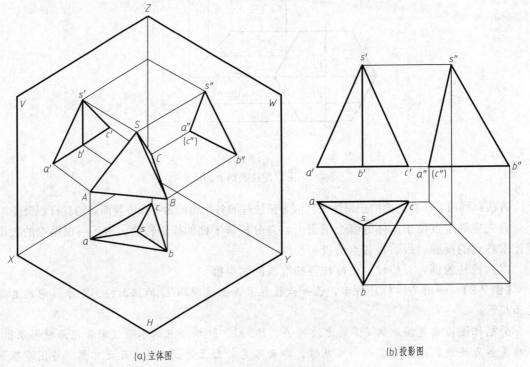

(a) 立体图   (b) 投影图

图 7-4   正三棱锥的投影

它的表面由一个底面（正三边形）和三个侧棱面（等腰三角形）围成，设将其放置成底面与水平投影面平行，并有一个棱面垂直于侧投影面。把正三棱锥向三个投影面作正投影，得图7-4（b）所示是三棱锥的三面投影图。

由于锥底面△ABC为水平面，所以它的水平投影反映实形，正面投影和侧面投影分别积聚为直线段 $a'b'c'$ 和 $a''(c'')b''$。棱面△SAC为侧垂面，它的侧面投影积聚为一段斜线 $s''a''(c'')$，正面投影和水平投影为类似形△$s'a'c'$ 和△sac，前者为不可见，后者可见。棱面△SAB 和△SBC 均为一般位置平面，它们的三面投影均为类似形。

棱线 SB 为侧平线，棱线 SA、SC 为一般位置直线，棱线 AC 为侧垂线，棱线 AB、BC 为水平线。

正棱锥的投影特征：当棱锥的底面平行于某一个投影面时，则棱锥在该投影面上投影的外轮廓为与其底面全等的正多边形，而另外两个投影则由若干个相邻的三角形线框所组成。

构成三棱锥的各几何要素（点、线、面）应符合投影规律，三面投影图之间应符合"三等关系"。

2. 棱锥表面上点的投影

首先确定点位于棱锥的哪个平面上，再分析该平面的投影特性。

若该平面为特殊位置平面，可利用投影的积聚性直接求得点的投影；若该平面为一般位置平面，可通过辅助线法求得。

方法：（1）利用点所在的面的积聚性法。

　　　　（2）辅助线法。

【例7-3】　如图7-5（b）所示，已知正三棱锥表面上点 M 的正面投影 m' 和点 N 的水平面投影 n，求作 M、N 两点的其余投影。

分析：因为 m' 可见，因此点 M 必定在△SAB 上。△SAB 是一般位置平面，采用辅助线法，图7-5（a）中过点 M 及锥顶点 S 作一条直线 SK，与底边 AB 交于点 K。即过 m' 作 $s'k'$，再作出其水平投影 sk。由于点 M 属于直线 SK，根据点在直线上的从属性可知 m 必在 sk 上，求出水平投影 m，再根据 m、m' 可求出 m''。

因为点 N 不可见，故点 N 必定在棱面△SAC 上。棱面△SAC 为侧垂面，它的侧面投影积聚为直线段 $s''a''(c'')$，因此 n'' 必在 $s''a''(c'')$ 上，由 n、n'' 即可求出 n'。

作图步骤：

（1）过 n' 向侧面作投影连线与△SAC 的侧面投影相交的 n''，由 n' 和 n'' 求得 n。

（2）过点 M 作辅助线 SK，即连线 $s'm'$ 交底边 $a'b'$ 于 k'，然后求出 sk，由 m' 作投影线交 sk 于 m，再根据 m' 和 m 可求出 m''。

（3）判断可见性：△SAB 棱面的三投影都可见，因此 M 的三投影也都可见。△SAC 棱面的水平投影可见，侧面投影积聚，因此 n 和 n'' 均可见。

如图7-5（c）所示，在△SAB 上，也可过 m' 作 $m'd'$∥$a'b'$，交左棱 $s'a'$ 于 d'，过 d' 向 H 面引投影连线交 sa 于 d，过 d 作 ab 的平行线与过 m' 向 H 面引投影连线交于 m，再用"二补三"作图，求 m''。

3. 棱锥表面上线的投影

以三棱锥的表面取线为例，四棱锥、六棱锥等的类推。

【例7-4】　如图7-6（a）所示，已知正三棱锥表面上线 DEF 的正面投影 $d'e'f'$，求作 DEF 的其余投影。

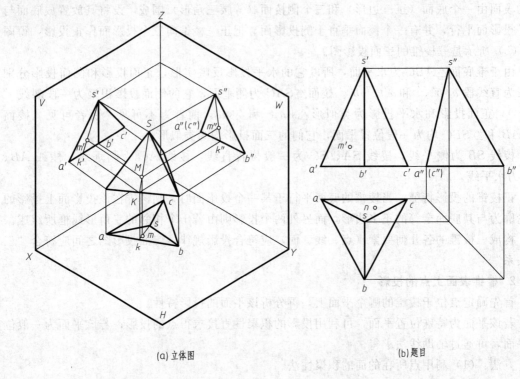

(a) 立体图

(b) 题目

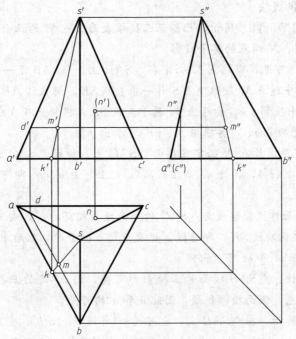

(c) 作图

图 7-5　正三棱锥表面上的点

　　分析作图：因为 d' 可见，因此点 D 必定在 $\triangle SAB$ 上。$\triangle SAB$ 是一般位置平面，采用辅助线法，即过点 D 及锥顶点 S 作一条直线 SK，与底边 AB 交于点 K。如图 7-6（b）所示，过 d' 作 $s'k'$，再作出其水平投影 sk。由于点 D 属于直线 SK，根据点在直线上的从属

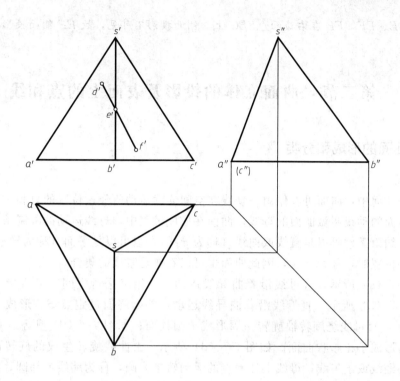

(a) 题目

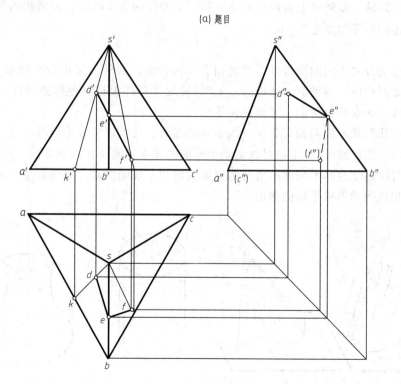

(b) 作图

图 7-6　正三棱锥表面上的线

性质可知 d 必在 sk 上，求出水平投影 d，再根据 d、d' 可求出 d''。F 点求法同。

因为点 E 定在前棱 SB 上，故 e'' 必在 $s''b''$ 上，由 e'、e'' 即可求出 e。

连线 DE、EF。EF 在右棱面 $\triangle SBC$ 上，侧面投影不可见，故 EF 侧面投影 $e''f''$ 连虚线。

第二节　曲面立体的投影及表面上的点和线

一、曲面的形成和分类

1. 形成

在画法几何中，曲面可看作由一动线在空间连续运动所经过位置的总和。

形成曲面的动线叫做曲面的母线，曲面在形成过程中，母线运动的限制条件称为运动的约束条件。约束条件可以是直线或曲线（称为导线），也可以是平面（称为导平面），母线在平面上任一位置时，称为素线。因此曲面也可以看作是素线的集合。

如图 7-7（a）所示，直母线沿着曲导线运动，并始终平行空间一条直导线，形成了柱面；如图 7-7（b）所示，直母线沿着曲导线运动，并始终通过定点 S，形成了锥面；如图 7-7（c）所示，直母线绕旋转轴旋转一周形成了圆柱面；如图 7-7（d）所示，曲母线绕旋转轴旋转一周形成了花瓶状曲面。如图 7-7（d）所示，由曲线旋转生成的旋转面，母线称为旋转面上的经线或子午线；母线上任一点的运动轨迹为圆，称为纬线或纬圆；纬圆所在的平面一定垂直于旋转轴。旋转面上较两侧相邻纬圆都小的纬圆称为喉圆，较两侧相邻纬圆都大的纬圆称为赤道圆，简称赤道。

2. 分类

（1）根据运动方式不同曲面可分为回转面和非回转面。回转面是由母线绕轴（中心轴）旋转而形成（如圆柱面、圆锥面、球面等）；非回转面是母线根据其他约束条件（如沿曲线移动等）而形成（如双曲抛物面、平螺旋面等）。

（2）根据母线形状不同曲面可分为直线面和曲线面。凡由直母线运动而形成的曲面是直线面（如圆柱面、圆锥面等）；由曲母线运动而形成的曲面是曲线面（如球面、圆环面等）。

（3）根据母线运动规律不同曲面可分为规则曲面和不规则曲面。母线有规律地运动形成规则曲面；不规则运动形成不规则曲面。

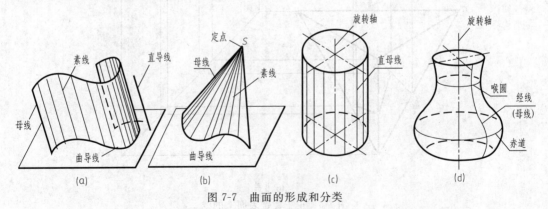

图 7-7　曲面的形成和分类

3. 曲面的表示法

曲面的表示与平面相似，只要画出形成曲面几何元素的投影，如：母线、定点、导线、导平面等的投影，曲面就确定了。为了表示得更清楚曲面还要绘出：曲面的边界线、曲面外形轮廓线（轮廓线可能是边界线的投影）、有时还需要画出一系列素线的投影。

工程中常见的曲面立体是回转体，如圆柱、圆锥、球和环等。回转体是指完全由回转面或回转曲面和平面所围成的立体。在投影图上表示回转体就是把围成立体的回转面或平面与回转面表示出来。画曲面体的投影时，轴线用点画线画出，圆的中心线用相互垂直的点画线画出，其交点为圆心。所画点画线应超出圆轮廓线 3～5mm。

二、圆柱体

圆柱表面由圆柱面和两底面所围成。圆柱面可看作一条直母线 AA_1 围绕与它平行的轴线 OO_1 回转而成，如图 7-8（a）所示。圆柱面上任意一条平行于轴线的直线，称为圆柱面的素线。

1. 圆柱的投影

画图时，一般常使它的轴线垂直于某个投影面。如图 7-8（b）所示，直立圆柱的轴线垂直于水平投影面，圆柱面上所有素线都是铅垂线，因此圆柱面的水平投影积聚成为一个圆。圆柱上、下两个底面的水平投影反映实形并与该圆重合。两条相互垂直的点画线，表示确定圆心的对称中心线。图中的点画线表示圆柱轴线的投影。圆柱面的正面投影是一个矩形，是圆柱面前半部与后半部的重合投影，其上、下两边分别为上、下两底面的积聚性投影，左、右两边 $a'a_1'$、$b'b_1'$ 分别是圆柱最左、最右素线的投影。最左、最右两条素线 AA_1、BB_1 是圆柱面由前向后的转向线，是正面投影中可见的前半圆柱面和不可见的后半圆柱面的分界线，也称为正面投影的转向轮廓线。正面投影转向轮廓线的侧面投影 $a''a_1''$、$b''b_1''$ 与轴线重合，不需画出；同理，可对侧面投影中的矩形进行类似的分析。圆柱面的侧面投影也是一个矩形，是圆柱面左半部与右半部的重合投影，其上下两边分别为上下两底面的积聚性投影，前、后两边 $c''c_1''$、$d''d_1''$ 分别是圆柱最前、最后素线的投影。最前、最后两条素线 CC_1、

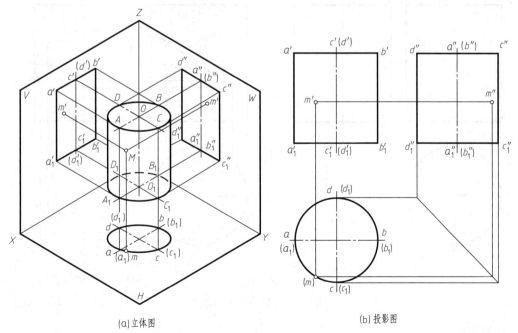

(a)立体图　　　　　(b)投影图

图 7-8　圆柱的投影及其表面上的点

DD_1 是圆柱面由左向右的转向线，是侧面投影中可见的左半圆柱面和不可见的右半圆柱面的分界线，也称为侧面投影的转向轮廓线。侧面转向轮廓线的正面投影 $c'c_1'$、$d'd_1'$ 也与轴线重合，不需画出。正面和侧面转向轮廓线的水平投影积聚在圆周最左、最右、最前、最后四个点上。

圆柱的投影特征：当圆柱的轴线垂直某一个投影面时，必有一个投影为圆形，另外两个投影为全等的矩形。

2. 圆柱面上点的投影

在圆柱面上取点时，可采用辅助直线法（简称素线法）。当圆柱轴线垂直于某一投影面时，圆柱面在该投影面上的投影积聚成圆，可直接利用这一特性在圆柱表面上取点、取线。

【例 7-5】 如图 7-8（b）所示，已知圆柱面上点 M 的正面投影 m'，求作点 M 的其余两个投影。

分析作图：因为圆柱面的水平投影具有积聚性，圆柱面上点的水平投影一定重影在圆周上。又因为 m' 可见，所以点 M 必在前半圆柱面的水平投影上，由 m' 求得 m，再由 m' 和 m 求得 m''。

3. 圆柱表面上线的投影

方法：利用点所在的面的积聚性法（因为圆柱的圆柱面和两底面均至少有一个投影具有积聚性）。

【例 7-6】 如图 7-9（a）所示，已知圆柱面上曲线 ABC 的正面投影 $a'b'c'$，求作曲线的其余两个投影。

分析：由图可知，曲线的正面投影均可见，说明曲线在圆柱的前半个柱面上，水平投影与柱面的前半个积聚投影半圆重合；AB 段在左半个柱面上，故侧面投影可见，BC 段在右半个柱面上，故侧面投影不可见。

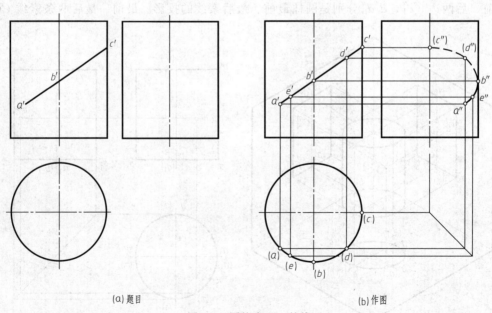

(a) 题目   (b) 作图

图 7-9 圆柱表面上的线

作图步骤：

（1）过 a' 向 H 面引投影连线与水平积聚投影圆前半圆交于 a，然后用"二补三"作图，

确定其侧面投影 a''。

（2）由正面投影可知，B 点在最前轮廓线上，C 点在最右轮廓线上。根据圆柱投影求 B、C 另外两投影。

（3）D、E 两点应先求水平投影，过 d'、e' 向 H 面引投影连线与水平积聚投影圆前半圆交于 d、e，然后用"二补三"作图，确定其侧面投影 d''、e''。

（4）曲线 ABC 的水平投影积聚在前半个圆周上的圆弧。侧面投影 AB 在左半个圆柱面上，故侧面投影 $a''b''$ 可见，连实线。侧面投影 BC 在右半个圆柱面上，故侧面投影 $b''c''$ 不可见，连虚线。

圆柱结构不仅广泛应用于机械结构中，建筑中也广泛应用，如图 7-10 所示。

图 7-10　圆柱体在建筑中的应用

三、圆锥体

圆锥表面由圆锥面和底面所围成。如图 7-11（a）所示，圆锥面可看作是一条直母线 SA 围绕与它相交的轴线 SO 回转而成。在圆锥面上通过锥顶的任一直线称为圆锥面的素线。

1. 圆锥的投影

画圆锥面的投影时，也常使它的轴线垂直于某一投影面。

如图 7-11（a）所示圆锥的轴线是铅垂线，底面是水平面，图 7-11（b）是它的投影图。圆锥的水平投影为一个圆，与圆锥底面圆的投影重合，反映底面的实形，同时也表示圆锥面的投影，顶点的水平投影在圆心处。圆锥的正面、侧面投影均为等腰三角形，其底边均为圆锥底面的积聚投影。正面投影中三角形的两腰 $s'a'$、$s'c'$ 分别表示圆锥面最左、最右轮廓素线 SA、SC 的投影，它们是圆锥面正面投影可见与不可见的分界线。SA、SC 的水平投影 sa、sc 和横向中心线重合，侧面投影 $s''a''$（c''）与轴线重合。侧面投影中三角形的两腰 $s''b''$、$s''d''$ 分别表示圆锥面最前、最后轮廓素线 SB、SD 的投影，它们是圆锥面侧面投影可见与不可见的分界线。SB、SD 的水平投影 sb、sd 和纵向中心线重合，正面投影 $s'b'$（d'）与轴线重合。

圆锥的投影特征：当圆锥的轴线垂直某一个投影面时，则圆锥在该投影面上投影为与其底面全等的圆形，另外两个投影为全等的等腰三角形。

2. 圆锥面上点的投影

圆锥面的三个投影都没有积聚性，因此在圆锥表面取点时，需利用其几何性质，采用作

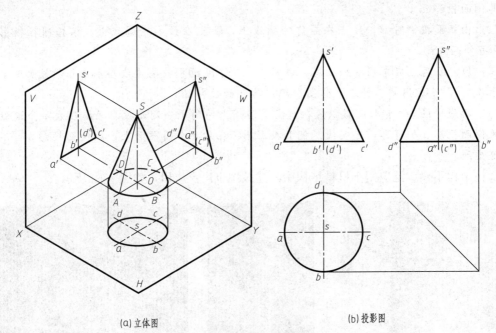

(a) 立体图　　　　　　　　　　(b) 投影图

图 7-11　圆锥的投影

简单辅助线的方法。

方法：（1）过圆锥锥顶画辅助线法（素线法）。

（2）用垂直于轴线的圆作为辅助线法（纬圆法）。

【例 7-7】　如图 7-12 所示，已知圆锥表面上 M 的正面投影 m'，求作点 M 的其余两个投影。

分析：因为 m' 可见，所以 M 必在前半个圆锥面的左边，故可判定点 M 的另两面投影均为可见。

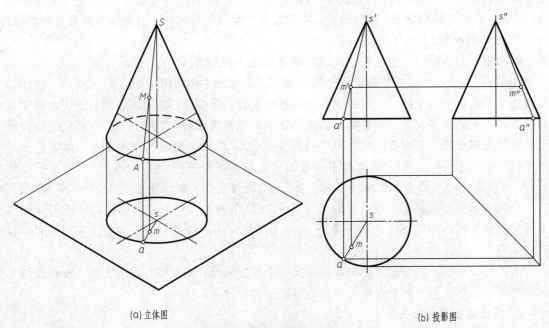

(a) 立体图　　　　　　　　　　(b) 投影图

图 7-12　圆锥表面素线法取点

作图方法：素线法。如图 7-12（a）所示，过锥顶 S 和 M 作一直线 SA，与底面交于点 A。点 M 的各个投影必在此 SA 的相应投影上。在图 7-12（b）中过 m' 作 $s'a'$，然后求出其水平投影 sa。由于点 M 属于直线 SA，根据点在直线上的从属性可知 m 必在 sa 上，求出水平投影 m，再根据 m、m' 可求出 m''。

【例 7-8】 如图 7-13 所示，已知圆锥表面上 N 的正面投影 n'，求作点 N 的其余两个投影。

分析：因为 n' 可见，所以 N 必在前半个圆锥面的右边，故可判定点 N 的侧面投影不可见。

作图方法：纬圆法。如图 7-13（a）所示，过圆锥面上点 N 作一垂直于圆锥轴线的辅助圆，点 N 的各个投影必在此辅助圆的相应投影上。在图 7-13（b）中过 n' 作水平线 $a'b'$，此为辅助圆的正面投影积聚线。辅助圆的水平投影为一直径等于 $a'b'$ 的圆，圆心为 s，由 n' 向 H 面引投影连线与此圆相交，且根据点 N 的可见性，即可求出 n。然后再由 n' 和 n 可求出 n''。

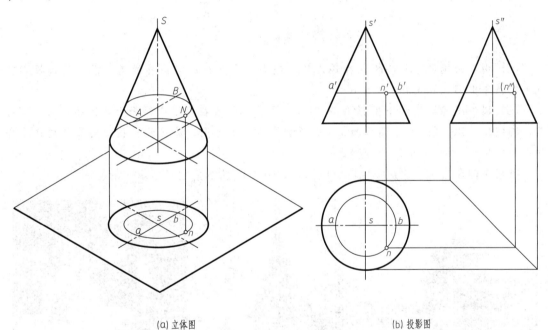

（a）立体图 （b）投影图

图 7-13 圆锥表面纬圆法取点

3. 圆锥表面上线的投影

【例 7-9】 如图 7-14 所示，已知圆锥面上线 SAB 的正面投影 $s'a'b'$，求作该线的其余两个投影。

分析：由图 7-14（a）可知，线 SAB 的正面投影 $s'a'b'$ 均可见，说明该线在圆锥的前半面上。其中 SA 段过锥顶且在左半个锥面上，故 SA 段是直线段，其侧面投影可见；AB 段垂直于轴线，故 AB 段是圆曲线，AC 段在左半圆锥，其侧面投影可见，BC 段在右半圆锥，其侧面投影不可见。

作图步骤：

（1）用纬圆法，求水平投影 a，然后用"二补三"作图，确定其侧面投影 a''，如图 7-14（b）所示。由于 SA 为过锥顶的素线，其三面投影为直线，连 $s'a'$、$s''a''$。

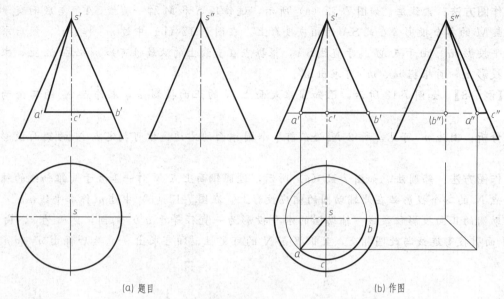

(a) 题目   (b) 作图

图 7-14　圆锥表面上的线

（2）由正面投影可知，*B* 点在最右轮廓线上，*C* 点在最前轮廓线上。根据圆锥投影特点可直接求出 *B*、*C* 投影。

（3）圆曲线 *AB* 的水平投影为 *ab* 圆弧。由于 *AC* 段在左半圆锥面上，侧面投影 *a″c″* 可见，连实线。*BC* 段在右半圆锥面上，侧面投影 *b″c″* 不可见，连虚线。图中实线与虚线重合的部分画实线，如图 7-14（b）所示。

圆锥结构在机械、建筑中也广泛应用，如图 7-15 所示为它在建筑中的应用。

图 7-15　圆锥体在建筑中的应用

四、圆球体

圆球的表面是球面，圆球面可看作是一条圆母线以其一条直径为轴线回转一周而成的曲面。

1. 圆球的投影

如图 7-16（a）所示为圆球的立体图、如图 7-16（b）所示为圆球的投影。圆球在三个投影面上的投影都是直径相等的圆，但这三个圆分别表示三个不同方向的转向轮廓线的投影。正面投影的圆 a' 是平行于 V 面的正面转向轮廓线圆 A（它是可见前半球与不可见后半球的分界线）的投影。A 的水平投影 a 与水平投影的横向中心线重合，A 的侧面投影 a'' 与侧面投影的纵向中心线重合，都不画出。水平投影的圆 b 是平行于 H 面的转向轮廓线圆 B（它是可见上半球与不可见下半球的分界线）的投影。B 的正面投影 b' 与正面投影的横向中心线重合，B 的侧面投影 b'' 与侧面投影的横向中心线重合，都不画出。侧面投影的圆 c'' 是平行于 W 面的侧面转向轮廓线圆 C 的侧面投影（它是可见左半球与不可见右半球的分界线）；C 的水平投影和正面投影均在纵向中心线上，也都不画出。

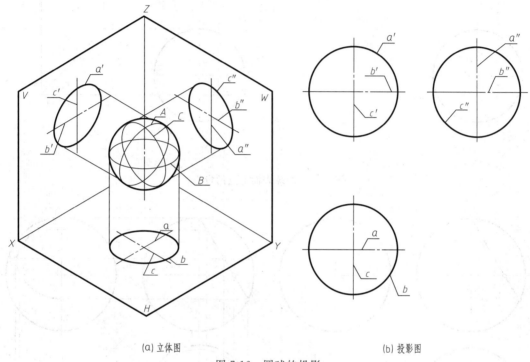

(a) 立体图   (b) 投影图

图 7-16   圆球的投影

2. 圆球面上点的投影

圆球面的三个投影都没有积聚性，求作其表面上点的投影需采用辅助纬圆法，即过该点在球面上作一个平行于某一投影面的辅助纬圆。

【例 7-10】 如图 7-17（a）所示，已知球面上点 M 的水平投影，求作其余两个投影。

分析作图： 由图可知，M 点在上半球的左前半部分，为一般点，其正面投影和侧面投影均可见。

如图 7-17（b）所示，过点 M 作一平行于正面的辅助圆，它的水平投影为过 m 的直线 ab，正面投影为直径等于 ab 长度的圆。自 m 向 V 面引投影连线，在正面投影上与辅助圆相交于两点。又由于 m 可见，故点 M 必在上半个圆周上，据此可确定上半球的点即为 m'，再由 m、m' 可求出 m''。M 点的正面投影和侧面投影也可利用水平圆或侧平圆，其结果一样，作图过程读者可自行分析。

3. 圆球的表面上线的投影

【例 7-11】 如图 7-18 所示，已知圆球面上曲线的正面投影，求作该曲线的其余两个投影。

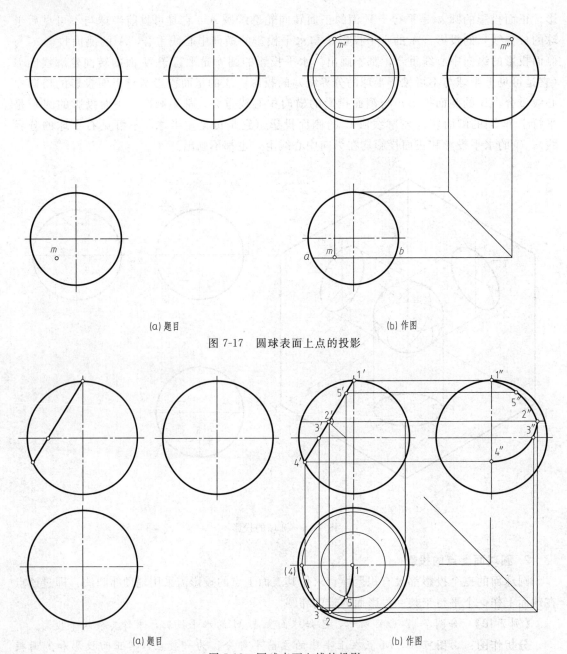

(a) 题目   (b) 作图

图 7-17　圆球表面上点的投影

(a) 题目   (b) 作图

图 7-18　圆球表面上线的投影

分析： 由投影图可知Ⅰ、Ⅳ两点在球正面投影轮廓圆上，Ⅲ点在水平投影轮廓圆上，这三点是球面上的特殊点，可以通过引投影连线直接作出它们的水平投影和侧面投影。Ⅱ点是曲线的特殊点，但是球面上的一般点，如图 7-18（b）所示，需要用纬圆法求其水平投影和侧面投影。

作图步骤：

（1）Ⅰ点是正面轮廓圆上的点，且是球面上最高点，它的水平投影 1 应在中心线的交点上，侧面投影应在竖向中心线与侧面投影轮廓圆的交点上。Ⅲ点是水平投影轮廓圆上的点，它的水平投影 3 应为自 3′ 向下引投影线与水平投影轮廓圆前半周的交点，水平投影 3″ 应在横向中心线上,可由水平投影引联系线求得。Ⅳ点是正面投影轮廓线上的点,它的水平投影应为自4′向下引联系线与横向中心线的交点,侧面投影4″应为自4′向右引联系线与竖向中心线的交点。

(2)用纬圆法求Ⅱ点得水平投影和侧面投影的作图过程是:在正面投影上过2′作平行横向中心线的直线,并与轮廓圆交于两个点,则两点间线段是过点Ⅱ纬圆的正面投影,在水平投影上,以轮廓圆的圆心为圆心,以纬圆正面投影线段长度为直径画圆,即为过点Ⅱ纬圆的水平投影,然后自2′向下引联系线与纬圆前半圆周的交点是Ⅱ点水平投影,然后用"二补三"作图确定侧面投影2″。同理用纬圆法求Ⅴ点得水平投影和侧面投影。

(3)水平投影123段可见,连实线,34段不可见,连虚线。侧面投影1″2″3″4″均可见,连实线。

如图7-19所示为圆球体在建筑中的应用。

图7-19 圆球体在建筑中的应用

五、圆环体

圆环是由圆环面围成的。圆环面可看成是母线圆绕圆外且与圆平面共面的轴线旋转所形成的曲面。

1. 圆环的投影

如图7-20(a)所示为圆环的直观图,圆环的轴线为铅垂线,母线圆上外半圆弧绕轴线旋转形成外环面,内半圆弧绕轴线旋转形成外环面。母线的上半圆弧、下半圆弧旋转形成上半环面、下半环面。

图7-20(b)为圆环的三面投影。在水平投影中,最大圆和最小圆为圆环面水平转向轮廓线(上半环面与下半环面分界线圆)的投影。它们将圆环面分为两部分,上半圆环面可见,下半圆环面不可见。单点长画线圆为母线圆中心轨迹的水平投影,也是内、外环面水平投影的分界线。

在正面投影中,如图7-20(b)所示,左、右两个圆和与两圆相切的两直线段是圆环面正面转向轮廓线的投影,其中左、右两个圆为圆环面上最左、最右素线圆的投影,粗实线半圆在外环面上,虚线半圆在内环面上。上下两水平直线段为内外环面分界线圆的投影。在正面投影中,前半外环面可见,内环面和后半外环面不可见。

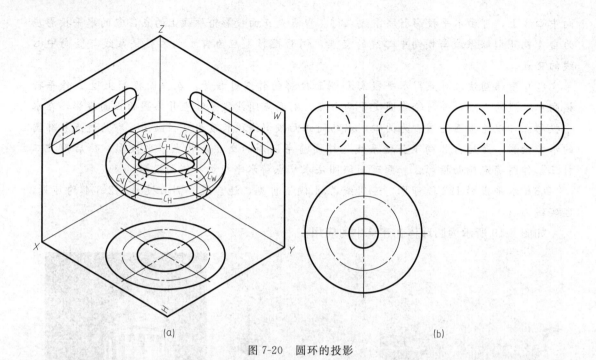

(a)   (b)

图 7-20　圆环的投影

在侧面投影中，如图 7-20（b）所示，前、后两个圆与两圆相切的两直线段是圆环面侧面转向轮廓线的投影，其中前、后两个圆为圆环面上最前、最后素线圆的投影，粗实线半圆在外环面上，虚线半圆在内环面上。上下两水平直线段为内外环面分界线圆的投影。在侧面投影中，左半外环面可见，内环面和右半外环面不可见。

作图步骤：

（1）用单点长画线绘制圆环的中心线和轴线；

（2）绘制圆环正面转向轮廓线投影，利用投影关系作出圆环水平投影和侧面投影。

2. 圆环表面上取点

圆环面的素线为圆，母线上点的运动轨迹为圆，其表面取点，只能采用纬圆法。

【例 7-12】　如图 7-21（a）所示，已知圆环面上点 K、N、E 的一个投影，求作点的另外两个投影。

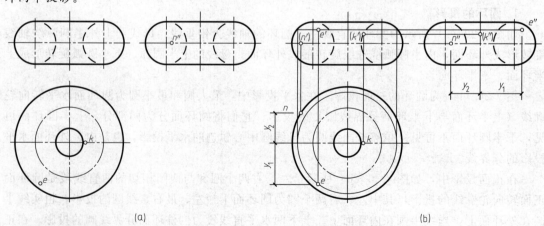

(a)   (b)

图 7-21　圆环面上取点

作图步骤：

（1）作 K 点的投影。如图 7-21（b）所示，由 K 点的水平投影可知，点 K 位于上半内环面的正面转向轮廓素线圆上。过 k 作投影线交正面转向轮廓素线圆于 k'，其侧面投影 k'' 位于圆环轴线的侧面投影上，由于内环面的正面投影和侧面投影不可见，故 k' 和 k'' 不可见。

（2）作 N 点的投影。由点 N 的侧面投影可知，点 N 位于外环面的水平转向轮廓素线圆上。利用坐标差 y_2 作出水平投影 n，其正面投影 n' 位于上下环面分界线上且不可见。

（3）作 E 的投影。由点 E 的水平投影可知，E 点位于左半、上半外环面上。过 e 作纬圆的水平投影和正面投影，利用点的从属性作出 e'，其侧面投影 e'' 可利用坐标差 y_1 作出，且 e' 和 e'' 可见。

如图 7-22 所示为圆环体在建筑中的应用。

图 7-22　圆环体在建筑中的应用

曲面立体的表面是由曲面或曲面和平面组成的，曲面可看成是母线运动后的轨迹，也是曲面上所有素线的集合。曲面立体的投影实质上是曲面立体表面上曲面轮廓素线或曲面轮廓素线和平面的投影。

曲面立体表面上取点方法，通常有：利用积聚性投影、素线法或纬圆法。只要立体表面是直线面，就可以用素线法进行曲表面取点；只要立体表面是回转面，就可以用纬圆法进行曲表面取点。曲面体表面上线段通常为曲线，特殊情况下，可以为直线段。曲表面上点、线段的可见性取决于点、线段所在曲表面的可见性。

第三节　非回转直纹曲面的投影

在工程实践中，应用较广的非回转面是由直母线运动而形成的直纹曲面。直纹曲面可分为以下几种。

（1）可展直纹曲面：曲面上相邻两素线是相交的或平行的共面直线。这种曲面可以展开。常见的可展直纹曲面有锥面和柱面，它们分别由直母线沿着一根曲导线移动并始终通过一定点或平行于一直导线而形成。

（2）不可展直纹曲面（又称扭面）：曲面上相邻两素线是交叉的异面直线。这种曲面只能近似地展开。常见的扭面有：双曲抛物面、锥状面和柱状面。它们分别由直母线沿着两根导线移动，并始终平行于一个导平面而形成。

本节主要讨论直纹面的投影表示方法。直纹面的投影图中一般应画出曲面行程中的导线、导面和曲面的外形线。导面的投影可画出曲面上若干条素线的投影来表示。

一、柱面

1. 形成和特征

直母线平行于直导线，并沿曲导线移动即形成柱面。如图 7-23（a）所示，直线 CD 为母线，曲线 L 为曲导线，一般位置直线 AB 为直导线。

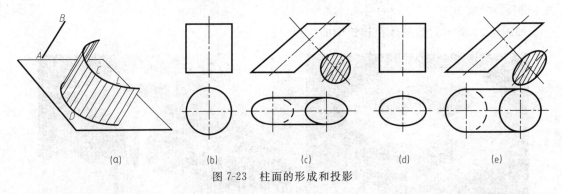

(a)	(b)	(c)	(d)	(e)

图 7-23　柱面的形成和投影

2. 投影图作法

当曲导线为圆，直导线垂直于圆面，则成为圆柱面，如图 7-23（b）所示。圆柱斜放时即得到如图 7-23（c）所示形状。当曲导线为椭圆，直导线垂直于椭圆面，则成为椭圆柱面，如图 7-23（d）所示。椭圆柱斜放，即得到如图 7-23（e）所示形状。

如图 7-24 所示为柱面在建筑中的应用。

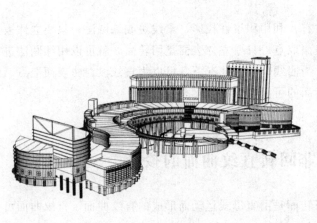

图 7-24　柱面在建筑中的应用

二、锥面

1. 形成和特性

直母线通过一定点（锥顶），沿着曲导线运动所形成的曲面即为锥面。如图 7-25（a）所示，点 S 为锥顶，ABC 为曲导线，AS 为母线，SB、SC…是素线。曲导线可以是封闭的，也可以是不封闭的。

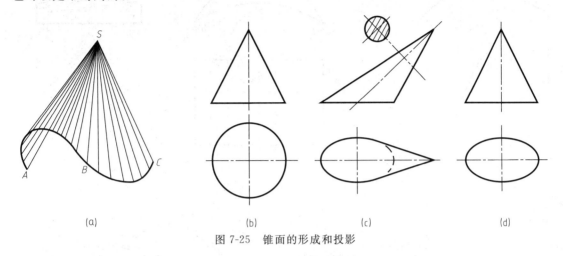

(a)　　　　　　　(b)　　　　　　　(c)　　　　　　　(d)

图 7-25　锥面的形成和投影

2. 投影图作法

当截平面与锥面轴线垂直相交，其截口为圆，则此锥面为圆锥面，如图 7-25（b）所示。圆锥斜放时，得到如图 7-25（c）所示形状。当截平面与锥面轴线垂直相交，其截口为椭圆，则此锥面为椭圆锥面，如图 7-25（d）所示。

如图 7-26 所示为锥面在工程中的应用。

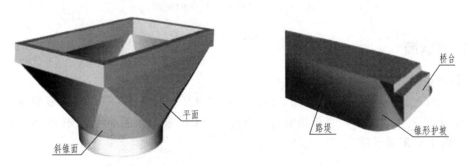

图 7-26　锥面在工程中的应用

三、柱状面

1. 形成和特征

直母线沿两条曲导线移动，同时又平行于一个导平面即形成柱状面。如图 7-27（a）所示，直线 AB 平行于导平面 P，同时又在 $A_1A_2A_3$ 和 $B_1B_2B_3$ 两条曲面上移动。柱状面上任意两条相邻素线在空间交叉，所以它是不可展曲面。

2. 投影图作法

如果导平面垂直于某投影面，在作出两曲导线的投影后，先作出素线在该投影面上的投影，然后作素线的其余投影。如图 7-27（b）所示，作出曲导线 AB、CD 的三面投影，因为导平面平行于侧立投影面，图中可以不画。

如图 7-28 所示是柱状面在工程中的应用。

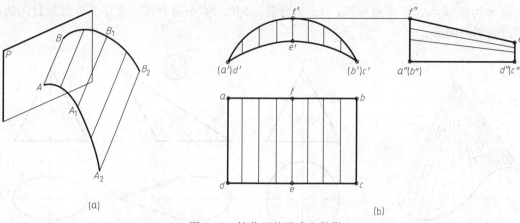

图 7-27　柱状面的形成和投影

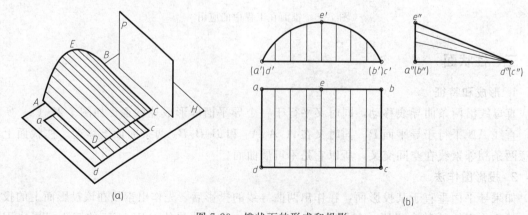

图 7-28　柱状面在工程中的应用

四、锥状面

1. 形成和特性

直母线沿着一条直导线和一条曲导线运动，同时又平行于导平面，所形成的曲面称为锥状面。如图 7-29（a）所示，直母线沿着一条直导线 CD 和一条曲导线 AEB 运动，且始终平行于导平面 P，形成了锥状面。

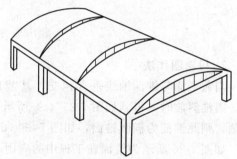

图 7-29　锥状面的形成和投影

2. 投影图作法

如图 7-29（b）所示，首先作出直导线和曲导线的三个投影，其中，直导线的侧面投影

积聚为一点 $d''(c'')$。然后，将直导线或曲导线进行若干等分。本例中将直线八等分。由于导平面为侧平面，所以过各等分点作各条侧平线（画成细实线），即为锥状面上各素线的投影。如图 7-29（b）所示的直导线 CD 为侧垂线，曲导线 AEB 位于正平面上，导平面为侧立投影面 P 平行于 W。从形成可知，锥状面上的素线都平行于 W 面，且互成交叉位置。

锥状面较广泛应用于屋面、雨棚等土木、建筑工程中，如图 7-30 所示。

图 7-30　锥状面在工程中的应用

五、双曲抛物面

1. 形成和特性

直母线沿着两条交叉直线运动，且始终平行于某一导平面，所形成的曲面称为双曲抛物面。如图 7-31（a）所示，图中直母线为 L，交叉直线 AB 和 CD 为一对直导线，导平面 P 为铅垂面。从图可看出，双曲抛物面中的素线均平行于导平面 P，且相邻两条素线为交叉直线。素线的水平投影均应平行于迹线 P_H。例如，素线 AD 和 BC 在空间为交叉直线，但它们平行于导平面 P，反映在水平投影中，ad 和 bc 应平行于迹线 P_H。假如把素线 AD、BC 这对交叉直线也看作为一对直导线，那么，同样这个双曲抛物面也可看由一条直线（Ⅰ-Ⅱ）平行于平面 Q（导平面），且始终沿着交叉直线 AD、BC 运动所形成。平面 Q 也是铅垂面，且平行于交叉直线 AB、CD。所以素线的水平投影 ab、12、dc 均平行于迹线 Q_H。

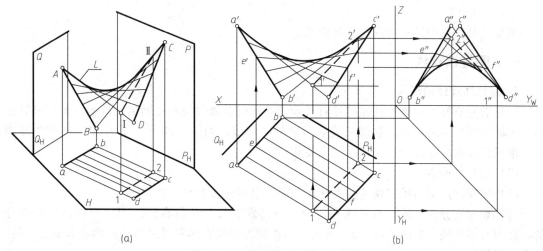

图 7-31　双曲抛物面的形成和投影

从上所述可知，同一个双曲抛物面存在两个导平面的法线。由空间解析几何可知，过法线的平面与双曲抛物面相交，截交线为抛物线；垂直于法线的平面与双曲抛物面相交，截交线为双曲线。所以，这种曲面称为双曲抛物面，在过程中也把它称为翘平面或扭面。

2. 投影图作法

如图 7-31（b）所示，首先，作出交叉直导线 AB 和 CD 的三个投影 ab、cd，$a'b'$、$c'd'$ 和 $a''b''$、$c''d''$。然后，作出导平面（铅垂面）P 的水平投影 P_H，并作线的水平投影平行于迹线 P_H。为了便于作图和较好地表达曲面，实际作图中常将一条导线的水平投影 ab（或 cd）若干等分，本例中为五等分，过各等分点作直线（画成细直线）平行于迹线 P_H，即为双曲抛物面上素线的水平投影。根据素线的水平投影便可作得素线的其余两投影，此图作出了一条素线 EF 的三个投影 ef、$e'f'$ 和 $e''f''$。最后，在正面投影和侧面投影中画出各直素线的包络曲线，即为双曲抛物面的外形线。在图中还用虚线画出了双曲抛物面上的另一组的投影，如图中 12、$1'2'$、$1''2''$ 所示。

双曲抛物面在土木建筑、水利水电工程中有着较广泛的应用，如基础、屋面、岸坡等，如图 7-32 所示。

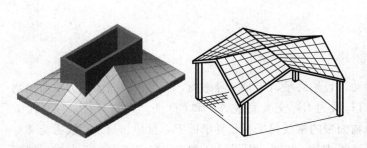

图 7-32　双曲抛物面在工程中的应用

第四节　螺旋线和螺旋面的投影

螺旋线是工程中常见的规则空间曲线。

一、圆柱螺旋线

1. 圆柱螺旋线的形成

一点沿着圆柱面的直母线做等速直线运动，同时该母线绕圆柱面的轴线做等角速旋转运动，则属于圆柱面的该点的轨迹曲线就是圆柱螺旋线。如图 7-33 所示，其中圆柱称为导圆柱。形成圆柱螺旋线必须具备以下三个要素。

（1）导圆柱的直径 D。

（2）导程 S：所谓导程就是动点回转一周时沿轴线方向移动的距离。

（3）旋向：分为左旋、右旋两种方向。所作螺旋线从左向右经过圆柱面的前面而上升的，称为右螺旋线，如图 7-33（a）所示。所作螺旋线从右向左经过圆柱面的前面而上升的，称为左螺旋线，如图 7-33（b）所示。

2. 圆柱螺旋线的投影

如图 7-34 所示，导圆柱轴线垂直于 H 面。

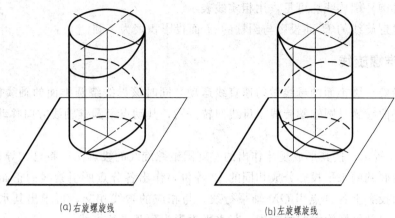

(a)右旋螺旋线   (b)左旋螺旋线

图 7-33 螺旋线

（1）由导圆柱直径 D 和导程 S 画出导圆柱的 H、V 投影。

（2）将 H 面的投影圆分为若干等份（本例分为 12 等份），根据旋向，标出各点的顺序号，如 0、1、2、3、…、12。

（3）将 V 面上的导程投影 S 相应分成同样等份（本例分为 12 等份），各点自下向上依次编号 0'、1'、2'、3'、…、12'。

（4）将 0'、1'、2'、3'、…、12'各点光滑连接即得圆柱螺旋线的 V 投影，它是一条正弦曲线。若画出圆柱面，则位于圆柱后半部的圆柱螺旋线不可见，用虚线表示。若不画出圆

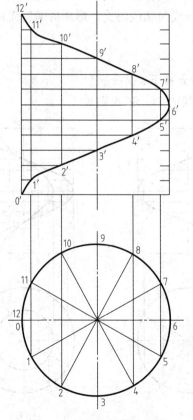

图 7-34 圆柱螺旋线的投影

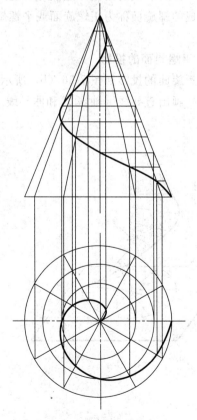

图 7-35 圆锥螺旋线的投影

柱面，则全部圆柱螺旋线均可见，用粗实线表示。

（5）圆柱螺旋线的 H 面投影与圆柱的 H 面投影积聚为一圆。

二、圆锥螺旋线

当一点沿着正圆锥面的母线做匀速直线运动，同时该母线绕圆锥面的轴线做匀速运动，则该点的轨迹曲线就是圆锥螺旋线。母线回转一周，其动点沿圆锥轴线方向移动的距离称为导程。

如图 7-35 所示，按其形成规律作出的左旋圆锥螺旋线的投影图：将已知导程分成 12 等份，再将圆锥底圆的水平投影分成相同的 12 等份，作出各分点所引素线的正面投影和水平投影。从正面投影上各分点引 OX 轴平行线，与相应的素线相交，再求出其水平投影。光滑连接各点，得圆锥螺旋线的两投影。其水平投影为阿基米德螺线。

三、螺旋面

1. 螺旋面的形成

直母线垂直于轴线做螺旋运动形成的曲面，称为螺旋面。如图 7-36（a）所示，母线 AB 垂直于轴线 OO（$a'b' \perp o'o'$），它的两个端点 A、B 在空间形成两条螺旋线。它们的回转半径不同，但导程相等。正螺旋面上任意两条相邻素线在空间交叉，故螺旋面是不可展曲面。螺旋面也可以看成是直母线沿着一条直导线（轴线）和一条曲导线（螺旋线）移动，并平行水平面所形成的曲面，显然，螺旋面是锥状面的特例。像本例这样，若直母线与轴线正交，形成的螺旋面称为正螺旋面或平螺旋面；若直母线与轴线斜交，形成的螺旋面称为斜螺旋面。

2. 平螺旋面的投影

平螺旋面的投影如图 7-36（b）所示，其作图步骤如下：

（1）画出直导线（轴 oo）和曲导线（圆柱螺旋线的 H、V 投影）。

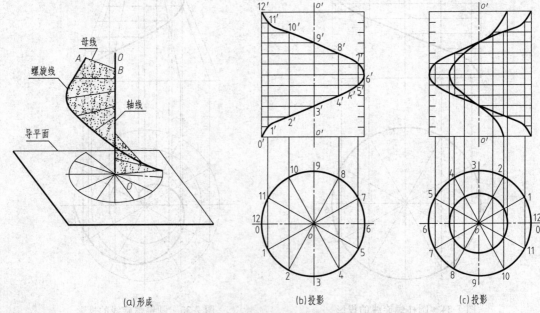

(a)形成　　　　(b)投影　　　　(c)投影

图 7-36　平螺旋面的形成和投影

（2）画出若干素线（图中为 12 条）的 H、V 投影。素线的 H 投影是过圆柱螺旋线的各分点的 H 面投影引向圆心的直线。素线的 V 面投影是过螺旋线上各分点的 V 面投影引到轴线的水平线。

（3）平螺旋面如果与一个同轴小圆柱相交，其截交线是相同导程的圆柱螺旋线，如图 7-36（c）所示。

螺旋面的应用在工程实践中随处可见：建筑中的螺旋楼梯、机械结构中的螺旋输送器等，如图 7-37 所示。

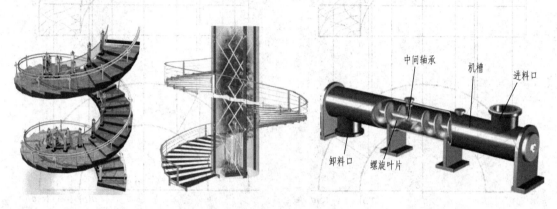

图 7-37　螺旋面在工程中的应用

【**例 7-13**】　完成如图 7-38（a）所示楼梯扶手弯头的正面投影。

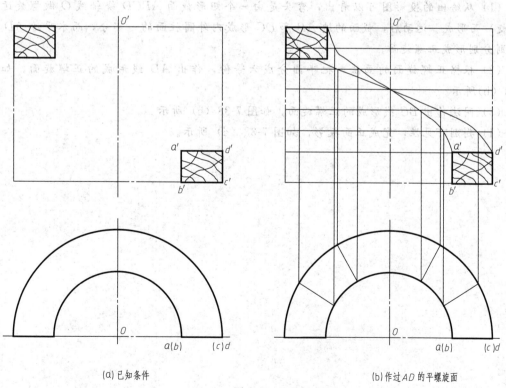

(a) 已知条件　　　　　　　　　　　　　　(b) 作过 AD 的平螺旋面

图 7-38

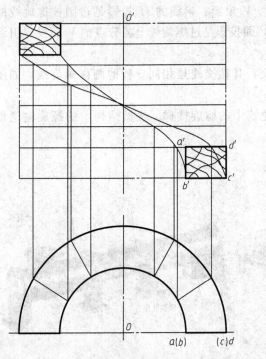

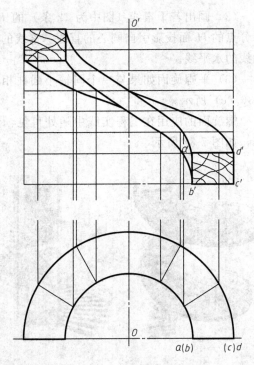

(c) 作过BC的平螺旋面　　　　　　　　　　(d) 完成作图

图 7-38　楼梯扶手弯头

作图步骤：

（1）从给出的投影图可以看出，弯头是由一个矩形截面 $ABCD$ 绕轴线 O 做螺旋运动（右旋）而形成。运动后，截面的边 AB 和 DC 形成内外圆柱面的一部分，而水平边 AD 和 BC 则分别形成正螺旋面。

（2）根据正螺旋面的画法，把半圆分成六等份，作出 AD 线形成的正螺旋面，如图 7-38（b）所示。

（3）同法作出 BC 线形成的正螺旋面，如图 7-38（c）所示。

（4）判别可见性，完成正面投影，如图 7-38（d）所示。

第八章　平面与立体相交

工程实际中的形体，往往不是基本几何体，而是基本几何体经过不同方式的截切或组合而成的。本章主要讨论立体被平面截切后的截交线的投影作图。

第一节　平面与平面立体相交

一、截交线的性质

1. 截交线的概念

平面与立体表面相交，可以认为是立体被平面截切，此平面通常称为截平面，截平面与立体表面的交线称为截交线。图 8-1 为平面与立体表面相交示例。

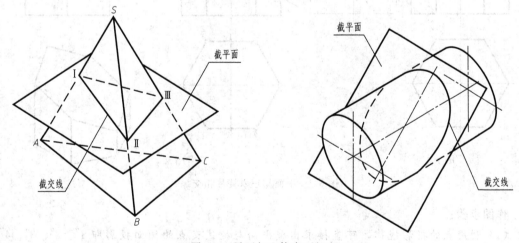

图 8-1　平面与立体表面相交

2. 截交线的性质

（1）截交线一定是一个封闭的平面图形。

（2）截交线既在截平面上，又在立体表面上，截交线是截平面和立体表面的共有线。截交线上的点都是截平面与立体表面上的共有点。

因为截交线是截平面与立体表面的共有线，所以求作截交线的实质，就是求出截平面与立体表面的共有点。

二、平面与平面立体相交

平面立体的表面是平面图形，因此平面与平面立体的截交线为封闭的平面多边形。多边形的各个顶点是截平面与立体的棱线或底边的交点，多边形的各条边是截平面与平面立体表面的交线。因此，求平面立体截交线的问题，可归为求两平面的交线或求直线与平面的交点问题。

截交线的可见性，决定于各段交线所在表面的可见性，只有表面可见，交线才可见，画成实线；表面不可见，交线也不可见，画成虚线。表面积聚成直线，其交线的投影不用判别可见性。

1. 平面与棱柱相交

通过例题讲解平面立体截交线的画法。

【例 8-1】 如图 8-2（a）所示，求作正垂面 P 与正六棱柱的截交线。

分析：由于截平面 P 与六棱柱的六个侧棱相交，所以截交线是六边形，六边形的六个顶点即六棱柱的六条棱线与截平面的交点。截交线的正面投影积聚在 P_V 上，而六棱柱六个棱面的水平投影有积聚性，故截交线的水平投影与六棱柱的水平投影重合，侧面投影只须求出六边形的六个顶点即可。

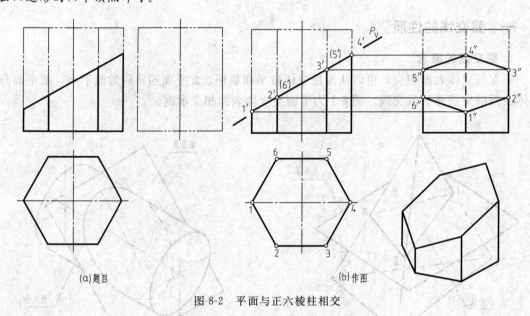

(a)题目　　　　　　(b)作图

图 8-2　平面与正六棱柱相交

作图步骤：

（1）利用点的投影规律，可直接求出截平面与棱线交点的侧面投影即 $1''$、$2''$、$3''$、$4''$、$5''$、$6''$。

（2）依次连接六点即得截交线的侧面投影。

（3）判断可见性，截交线侧面投影均可见，故连成实线；六棱柱的右侧棱线侧面投影不可见，应画成虚线，虚线与实线重合部分画实线。

（4）将各棱线按投影关系补画到相应各点，完成六棱柱的侧面投影，如图 8-2（b）所示。

当用两个以上平面截切平面立体时，在立体上会出现切口、凹槽或穿孔等。作图时，只要作出各个截平面与平面立体的截交线，并画出各截平面之间的交线，就可作出这些平面立体的投影。

【例 8-2】 如图 8-3（a）所示，求作切口五棱柱的正面投影和水平投影。

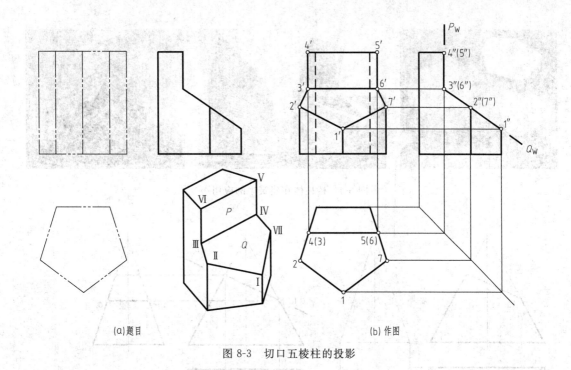

(a)题目　　　　　　　　　　　　　　(b)作图

图 8-3　切口五棱柱的投影

分析：从侧面投影可以看出，五棱柱上的切口是被一个正平面 P 和一个侧垂面 Q 所截切，将五棱柱的右上角切去一部分。截交线的侧面投影与 P_W 和 Q_W 平面积聚投影重合，两截平面交于一条直线。正平面 P 与五棱柱截交线的正面投影为矩形实形，水平投影积聚成一条直线段；侧垂面 Q 与五棱柱截交线的正面投影和水平投影均为与空间形状类似的五边形。

作图步骤：

（1）在五棱柱的侧面投影切口处，标出切口的各交点：1″、2″（7″）、3″（6″）、4″（5″）。

（2）根据棱柱表面的积聚性，找出各交点的水平投影：1、2、4（3）、5（6）、7（其中3456积聚成了线段）。

（3）根据交点的水平投影和侧面投影，利用点的投影规律，作出各交点的正面投影：1′、2′、3′、4′、5′、6′、7′。

（4）依次连接正面投影中各点即得截交线的正面投影（其中3′4′5′6′是矩形的实形，1′2′3′6′7′为与空间形状类似的五边形），连接过程中注意判断可见性，截交线正面投影可见，故连成实线。

（5）补全其他轮廓线，完成五棱柱切口体的投影，如图 8-3（b）所示。

现代建筑越来越重视外形的变化，但无论怎样变化，都必须满足使用和安全要求，很多建筑是在棱柱基础上做的变形，如图 8-4 所示。

2. 平面与棱锥相交

【例 8-3】　如图 8-5（a）所示，求作正垂面 P 斜切正四棱锥的截交线。

分析：截平面与正四棱锥的四条棱线相交，可判定截交线是四边形，其四个顶点分别是四条棱线与截平面的交点。截交线的正面投影积聚在截平面的正面投影 P_V 上。因此，只要求出截交线的四个顶点的水平投影和侧面投影，然后依次连接顶点的同名投影，即得截交线

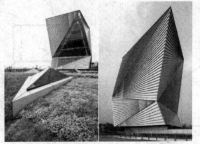

图 8-4　棱柱体在建筑中的应用

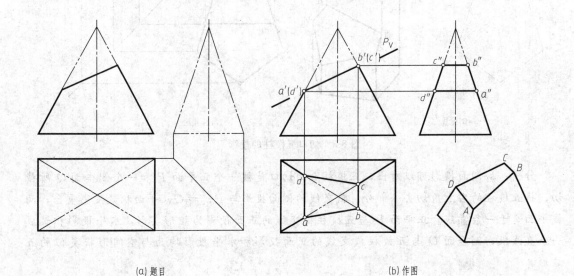

(a) 题目　　　　　　　　　　　　　　　(b) 作图

图 8-5　平面与正四棱锥相交

的投影。

作图步骤：

（1）利用点的投影规律，求出截平面与四棱锥交点的水平投影即 a、b、c、d 和侧面投影 a''、b''、c''、d''。

（2）依次连接各点即得截交线的水平投影和侧面投影。

（3）判断可见性，截交线水平投影、侧面投影均可见，故连成实线。

（4）补全其他轮廓线，完成四棱锥的投影，如图 8-5（b）所示。

【例 8-4】　如图 8-6（a）所示为一带切口的正三棱锥，已知它的正面投影，求其另两面投影。

分析：该正三棱锥的切口是由两个相交的截平面切割而形成。两个截平面一个是水平面，一个是正垂面，它们都垂直于正面投影，因此切口的正面投影具有积聚性。水平截面与三棱锥的底面平行，因此它与棱面△SAB 和△SAC 的交线 DE、DF 必分别平行于底边 AB 和 AC，水平截面的侧面投影积聚成一条直线。正垂截面分别与棱面△SAB 和△SAC 交于直线 GE、GF。由于两个截平面都垂直于正面，所以两截平面的交线一定是正垂线，作出以上交线的投影即可得出所求投影。

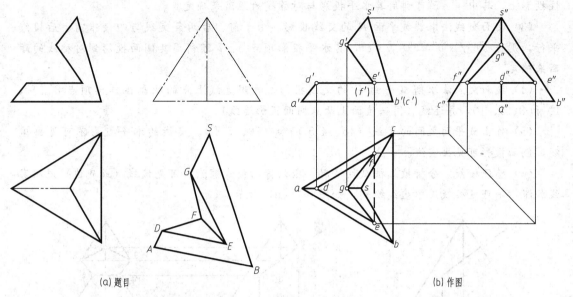

(a) 题目   (b) 作图

图 8-6 切口三棱锥的投影

作图步骤：

（1）在正面投影上，标出各点的正面投影 d'、e'、f'、g'。

（2）DE、DF 线段分别与它们同面的底边平行，因此利用投影的平行规律，求出交点 D、E、F、G 的水平投影即 d、e、f、g，然后用"二补三"求它们的侧面投影 d''、e''、f''、g''。

（3）依次连接各点即得截交线的水平投影和侧面投影。连线时必须要连接同一棱面及同一截面上的相邻两点。

（4）判断可见性，截交线水平投影均可见，故连成实线，交线 EF 的水平投影 ef 不可见连成虚线；侧面投影积聚不判断可见性。

（5）补全其他轮廓线，整理图面，完成三棱锥的投影，如图 8-6（b）所示。

【例 8-5】 如图 8-7（a）所示，完成正四棱锥被平面 P、Q、R 截切后的水平投影和侧面投影。

分析：截平面 Q 与四棱锥的四个棱面相交，截平面 R 与两个棱面相交，截平面 P 与四个棱面相交，故四棱锥表面截交线为空间十边形。三个截平面之间有两条交线，均为正垂线。由于三个截平面对 V 面具有积聚性，故截交线的正面投影落在截平面正面积聚性投影上，要求解的是水平投影和侧面投影。由于截平面 Q 为水平面，截切的四条交线为水平线，与四棱锥对应底边平行，截平面 R 为侧平面，截切的两条交线为侧平线，与四棱锥前、后棱线平行，这些交线均可用面面交线法求解。而截平面 P 为正垂面，截切的四条交线为一般位置线，其三个顶点位于四棱锥的三条棱线上，只能用线面交点法求解。

作图步骤：

（1）用细实线作出正四棱锥的侧面投影。

（2）面面交线法求解截平面 Q 的交线投影。为方便作图说明，本例对截交线的各顶点进行了编号，如图 8-7（b）所示，过棱线 $s'a'$ 上 $1'$ 作投影线交 sa 于 1，利用两直线平行投影特性，作出四条交线的水平投影 12、24、13、35，其侧面投影落在截平面 Q 的侧面积聚性投影上，其中 4″、5″可利用其水平投影与对称线的距离来确定。

（3）面面交线法求解截平面 R 的交线投影。由于前、后两条交线与四棱锥前、后棱线平行，则作 4″6″∥s″b″，5″7″∥s″c″，其水平投影顶点 6、7 可利用其侧面投影到对称线的距离来确定。

（4）线面交点法求解截平面 P 的交线投影。利用直线上点的从属性作出顶点 8″、9″、10″和 8、9、10，并连线（同一棱面上两点同面投影连线）。

（5）作出截平面之间的交线（45、4″5″）和（78、7″8″）。交线的水平投影不可见画虚线，侧面投影可见画实线。

（6）整理棱线。分析棱线被截切情况，截切掉的棱线擦除，可见棱线（或底边）用粗实线加深，不可见棱线用中虚线绘制，如图 8-7（b）所示。

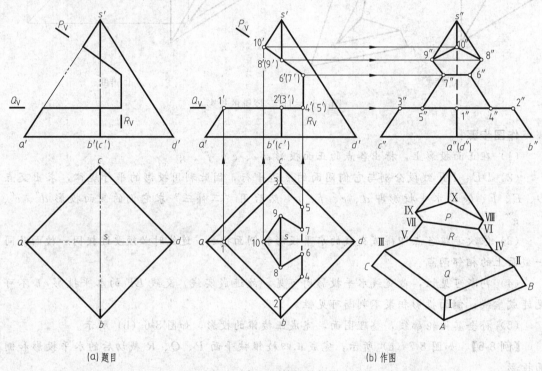

(a) 题目　　　　　　　　　　　　　　　(b) 作图

图 8-7　切口四棱锥的投影

如图 8-8 所示的建筑是在棱锥基础上做的变形。

图 8-8　棱锥体在建筑中的应用

第二节 平面与曲面立体相交

前面学习了平面立体的截交线，本节继续学习曲面立体的截交线。平面与曲面立体相交产生的截交线一般是封闭的平面曲线，也可能是由曲线与直线围成的平面图形，其形状取决于截平面与曲面立体的相对位置。

截交线是截平面和曲面立体表面的共有线，截交线上的点也都是它们的共有点。因此，在求截交线的投影时，先在截平面有积聚性的投影上，确定截交线的一个投影，并在这个投影上取一系列点；然后把这些点看成曲面立体表面上的点，用曲面立体表面定点的方法，求出它们的另外两个投影；最后，把这些点的同面投影光滑连接，并判断投影的可见性。

为准确求出曲面立体截交线的投影，通常要作出能确定截交线形状和范围的特殊点，即极限点（最高点、最低点、最前点、最后点、最左点、最右点）、投影轮廓线上的点、截交线固有的特殊点（如椭圆长短轴端点、抛物线和双曲线的顶点等），然后按需要再取一些一般点。

当截平面或曲面立体的表面垂直于某一投影面时，则截交线在该投影面上的投影具有积聚性，可直接利用面上取点的方法作图。

常见的截交线有平面与圆柱、圆锥、圆球等回转体表面相交而形成的截交线，下面介绍特殊位置平面与这些回转体表面的截交线画法。

一、圆柱的截交线

平面截切圆柱时，根据截平面与圆柱轴线的相对位置不同，其截交线有三种不同的形状，见表 8-1。

（1）当截平面垂直于圆柱的轴线时，截交线为圆。

（2）当截平面通过圆柱的轴线或平行于圆柱轴线时，截交线为矩形。

（3）当截平面倾斜于圆柱的轴线时，截交线为椭圆。

表 8-1 圆柱截交线

截平面位置	垂直于轴线	平行于轴线	倾斜于轴线
立体图			
投影图			
截交线形状	圆	矩形	椭圆

【例8-6】 如图8-9（a）所示，求圆柱被正垂面截切后的截交线。

分析： 截平面与圆柱的轴线倾斜，故截交线为椭圆。此椭圆的正面投影积聚为一直线。由于圆柱面的水平投影积聚为圆，而椭圆位于圆柱面上，故椭圆的水平投影与圆柱面水平投影重合。椭圆的侧面投影是它的类似形，仍为椭圆。可根据投影规律由正面投影和水平投影求出侧面投影。

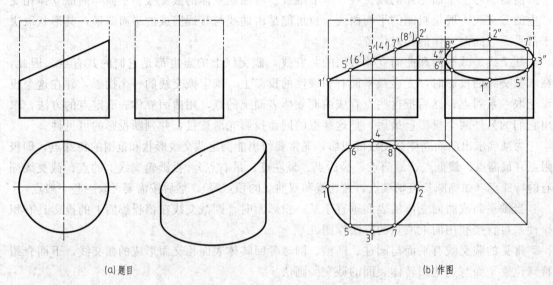

（a）题目　　　　　　　　　　　　　（b）作图

图8-9　正垂面切割圆柱

作图步骤：

（1）在正面投影上，选取椭圆长轴和短轴端点 $1'$、$2'$、$3'$（$4'$），然后选取一般点 $5'$（$6'$）、$7'$（$8'$）。

（2）由这八个点的正面投影向 H 面引投影线，在圆周上找到它们的水平投影。

（3）用"二补三"作图，求它们的侧面投影。

（4）光滑连接这八个点的侧面投影，即得椭圆的侧面投影。

（5）整理轮廓线，圆柱的侧面转向轮廓线分别画到 $3''$、$4''$ 处，如图8-9（b）所示。

【例8-7】 如图8-10（a）所示，完成被截切圆柱的水平投影和侧面投影。

分析： 由正面投影可知，圆柱是被一个侧平面 P 和一个正垂面 Q 切割，截交线是一段椭圆弧和一个矩形。正面投影分别积聚在 P_V 和 Q_V 上，水平投影分别积聚在圆周一段圆弧上和 P_H 上。利用"二补三"作图可以求得它们的侧面投影。

作图步骤：

（1）在正面投影上，取椭圆长轴和短轴端点 $1'$、$2'$、$3'$，椭圆与矩形结合点 $4'$、$5'$，矩形端点 $6'$（$7'$），然后选取一般点 $8'$（$9'$）。

（2）由这几个点的正面投影向 H 面引投影线，在圆周上找到它们的水平投影。

（3）用"二补三"作图，求它们的侧面投影。

（4）光滑连接 $1''$、$2''$、$3''$、$4''$、$5''$、$8''$、$9''$ 这几个点的侧面投影，即得椭圆的侧面投影。连接 $4''$、$5''$、$6''$、$7''$ 得矩形的侧面投影。

（5）整理轮廓线，侧面转向轮廓线应补画到 $2''$、$3''$ 点，完成圆柱切割体的投影，如图8-10（b）所示。

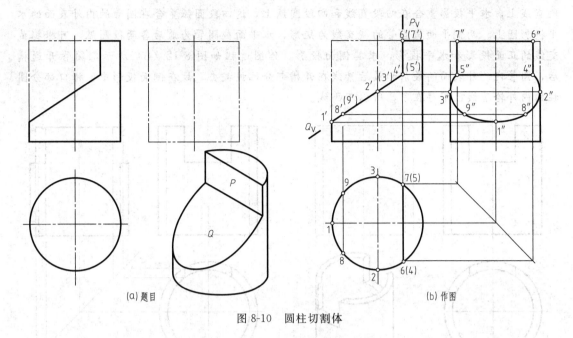

(a) 题目　　　　　　　　　　　　　　(b) 作图

图 8-10　圆柱切割体

【例 8-8】　如图 8-11（a）所示，已知圆柱上通槽的正面投影，求其水平投影和侧面投影。

分析作图：通槽可看作是圆柱被两平行于圆柱轴线的侧平面及一个垂直于圆柱轴线的水平面所截切，两侧平面截圆柱的截交线为矩形，水平面截圆柱为前后各一段圆弧。作图过程如图 8-11（b）所示。

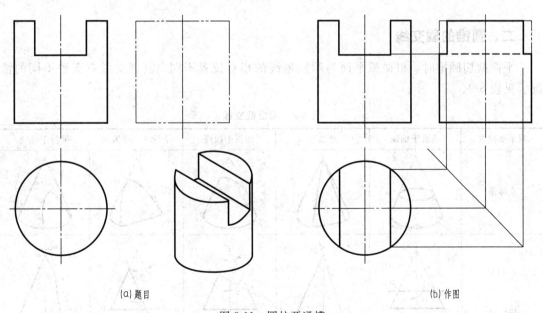

(a) 题目　　　　　　　　　　　　　　(b) 作图

图 8-11　圆柱开通槽

【例 8-9】　如图 8-12（a）所示，已知圆管开通槽的正面投影和水平投影，求其侧面投影。

分析作图：圆管可看作两个同轴而直径不同的圆柱表面（外柱面和内柱面）。圆管上端开的通槽可看作是圆管被两平行于圆管轴线的侧平面及一个垂直于圆管轴线的水平面所截切。三个截面与圆管的内外表面均有截交线。截交线的正面投影与截切的三个平面重合在三段直线上，水平投影重合在四段直线和四段圆弧上，这四段圆弧重合在圆管的内外表面的水平投影圆上。两侧平面截圆管的截交线为矩形，水平面截圆管为前后各两段圆弧。可根据截交线的正面投影和水平投影，求其侧面投影。作图过程如图 8-12（b）所示，圆管开通槽后，圆管内、外表面的最前和最后素线在开槽部分已被截去，故在侧面投影中，槽口部分圆柱的内外轮廓线已不存在了，所以不画线。

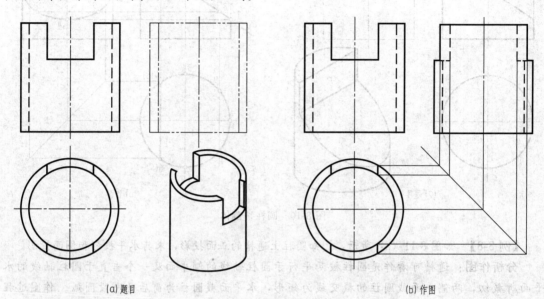

(a)题目   (b)作图

图 8-12 圆管开槽

二、圆锥的截交线

平面截切圆锥时，根据截平面与圆锥轴线的相对位置不同，其截交线有五种不同的情况。见表 8-2。

表 8-2 圆锥截交线

截平面位置	垂直于轴线	过锥顶	倾斜于轴线	平行于一条素线	平行于轴线
立体图					
投影图					
截交线形状	圆	等腰三角形	椭圆	抛物线	双曲线

由于圆锥面的投影没有积聚性，所以为了求解截交线的投影，可采用素线法或纬圆法求出截交线上的点，并将这些点的同面投影光滑连成曲线，同时要判断可见性，整理转向轮廓线，完成作图。

【例 8-10】 如图 8-13（a）所示，求正垂面与圆锥的截交线。

分析： 由正面投影可知，截平面与圆锥轴线夹角大于母线与轴线夹角，所以截交线是椭圆。椭圆的正面投影积聚在截平面的积聚投影上为线段，水平投影和侧面投影仍然是椭圆，都不反映实形。

为求椭圆的水平投影和侧面投影，先在椭圆的正面投影上标出所有的特殊点（椭圆长短轴端点、正面和侧面投影轮廓线上的点）和几个一般点，然后将这些点看作圆锥表面上的点，用圆锥表面定点的方法（素线法或纬圆法）求出它们的水平投影和侧面投影，再将它们的同面投影依次光滑连接成椭圆。

作图步骤：

（1）在正面投影上，取椭圆长、短轴端点 $1'$、$2'$、$3'$（$4'$），其中 $3'$（$4'$）位于线段 $1'$、$2'$ 的中点，$1'$、$2'$ 也是正面投影轮廓线上的点；侧面投影轮廓线上的点 $5'$（$6'$）和一般点 m'（n'）。

（2）由 $1'$、$2'$、$5'$（$6'$）向 H 面和向 W 面引投影连线，求出它们的水平投影 1、2、5、6 和侧面投影 $1''$、$2''$、$5''$、$6''$。

（3）用纬圆法求出 Ⅲ、Ⅳ、M、N 的水平投影 3、4、m、n，然后用"二补三"求出它们的侧面投影 $3''4''$、m''、n''。

（4）光滑连接这几个点的水平投影和侧面投影，即得椭圆的水平投影和侧面投影。

（5）整理轮廓线，侧面转向轮廓线的投影画到 $5''$、$6''$ 两点，完成圆锥切割体的投影，如图 8-13（b）所示。

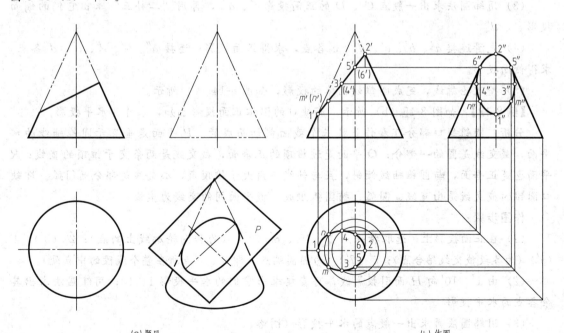

(a) 题目　　　　　　　　　　　　　　　　(b) 作图

图 8-13　正垂面切割圆锥

【例 8-11】 如图 8-14（b）所示，求作被正平面截切的圆锥的截交线。

分析：因截平面为正平面，与轴线平行，故截交线为双曲线。截交线的水平投影和侧面投影都积聚为直线，只需求出正面投影。

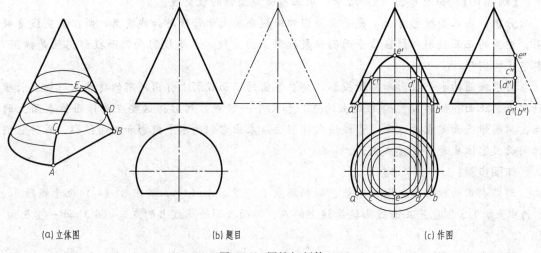

（a）立体图　　　　　　　（b）题目　　　　　　　（c）作图

图 8-14　圆锥切割体

作图步骤：

（1）在水平投影上，取特殊点 a、b、e，其中 a、b 为双曲线的端点，e 为双曲线的顶点。

（2）由 a、b 向 V 面引投影线，求出它们的正面投影 a'、b'；用纬圆法求出 E 点的正面投影 e'。然后用"二补三"求出它们的侧面投影 a''、b''、e''。

（3）用纬圆法求出一般点 C、D 的正面投影 c'、d'，再用"二补三"求出它们的侧面投影 c''、d''。

（4）光滑连接 a'、b'、c'、d'、e' 各点，求得正面投影；连接 a''、b''、e''、c''、d'' 各点，求得侧面投影。

（5）整理轮廓线，完成圆锥切割体的投影，如图 8-14（c）所示。

【例 8-12】 如图 8-15（b）所示，有缺口的圆锥正面投影已知，求作其水平投影。

分析：圆锥缺口部分可看作是被三个截面截切而成的。P 平面是垂直于圆锥轴线的水平面，截交线是圆的一部分；Q 平面是过锥顶的正垂面，截交线是两条交于锥顶的直线；R 平面也是正垂面，与圆锥轴线倾斜，且与轴线夹角大于锥顶角，截交线是部分椭圆弧。即缺口圆锥的截交线是由直线、圆弧、椭圆弧组成，截平面间的交线为虚线。

作图步骤：

（1）在正面投影上，选取特殊点 $1'$、$10'$、$8'$（$9'$）（为转向轮廓线上的点）；$2'$（$3'$）、$4'$（$5'$）（为各段截交线结合点）；$6'$（$7'$）（为椭圆端点，即 $6'$、$7'$ 点所在整个线段的中点处）。

（2）由 $1'$、$10'$ 向 H 面引投影线，可直接求出它们的水平投影 1、10；用纬圆法求出其余各点的水平投影。

（3）用纬圆法再求出一般点的水平投影（图略）。

（4）光滑连接各点的水平投影。三个截面间的两条交线均不可见，要画成虚线，如图 8-15（c）所示。

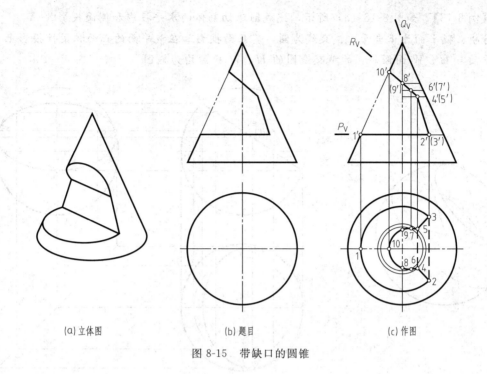

| (a) 立体图 | (b) 题目 | (c) 作图 |

图 8-15　带缺口的圆锥

三、圆球的截交线

平面在任何位置截切圆球的截交线都是圆。

当截平面平行于某一投影面时，截交线在该投影面上的投影为圆的实形，在其他两面上的投影都积聚为线段（长度等于截圆直径）。

当截平面垂直于某一投影面时，截交线在该投影面上的投影为线段（长度等于截圆直径），在其他两面上的投影都为椭圆。见表 8-3。

表 8-3　圆球截交线

截平面位置	为投影面平行面		为投影面垂直面	
立体图				
投影图				
截交线形状	圆			

【例8-13】 如图8-16（a）所示，完成圆球切割体的水平投影和侧面投影。

分析：截平面为正垂面，截交线为圆，其正面投影落在截平面的正面积聚性投影上。由于截平面与H、W面倾斜，故截交线圆的H、W投影均为椭圆。

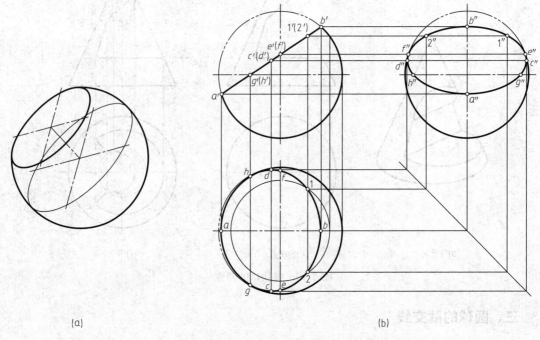

(a)   (b)

图8-16　圆球切割体

作图步骤：

（1）作出截交线圆上特殊点的投影。点A、B、C和D（在H、W投影中，分别为椭圆长、短轴的端点）：点A、B位于圆球正面转向轮廓线上，其投影A（a、a'、a"）、B（b、b'、b"），如图8-16（b）所示；点C、D的正面投影（c'、d'）位于a'b'的中点，其水平投影和侧面投影可利用纬圆法取点作图得到（c、c"）、（d、d"）；水平转向轮廓线上点G（g、g'、g"）、H（h、h'、h"）和侧面转向轮廓线上点E（e、e'、e"）、F（f、f'、f"），如图8-16（b）所示。

（2）作出截交线圆上一般点的投影。在截交线正面投影适当位置处取点Ⅰ、Ⅱ的正面投影1'、2'，利用纬圆法作出其水平投影和侧面投影（1、1"）、（2、2"），如图8-16（b）所示。

（3）用光滑曲线依次连接各点的同面投影并判断可见性。由于球的左上部分被截切，所以水平投影和侧面投影均可见，将所求各点的同面投影依次光滑连接成实线（应注意的是截交线的投影椭圆，在经过转向轮廓线上点时，应与对应转向轮廓线相切于此点）。

（4）整理圆球轮廓线。位于截平面左侧的圆球水平轮廓线被截切掉，在水平投影中应擦除该部分水平转向轮廓线；同样，位于截平面上部的圆球侧面转向轮廓线被截切掉，其侧面投影应去除该部分转向轮廓线。

【例8-14】 如图8-17（a）所示，完成开槽半圆球的截交线。

分析：半球表面的凹槽由两个侧平面和一个水平面切割而成，两个侧平面和半球的交线为两段平行于侧面的圆弧，水平面与半球的交线为前后两段水平圆弧，截平面之间的交线为正垂线。

作图步骤：

（1）求水平面与半球的交线。交线的水平投影为圆弧，如图 8-17（c）所示，侧面投影为直线。

（2）求侧平面与半球的交线。交线的侧面投影为圆弧，如图 8-17（c）所示，水平投影为直线。

（3）补全半球轮廓线的侧面投影，并作出两截面的交线的侧面投影，交线的侧面投影为虚线，如图 8-17（d）所示。

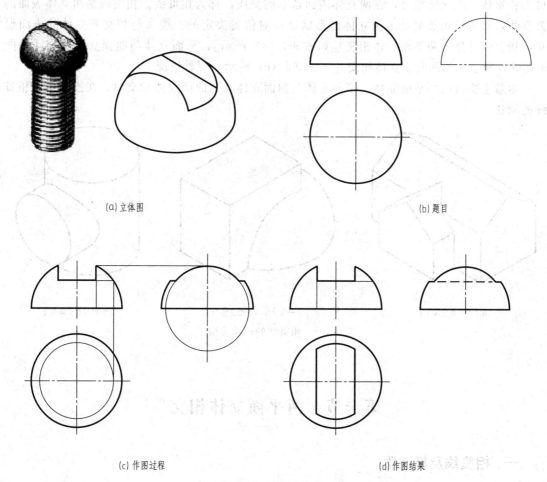

(a) 立体图   (b) 题目

(c) 作图过程   (d) 作图结果

图 8-17 半球切割体

由所举例子可以看出，截交线的作图方法通常有以下两种类型：

（1）依据截平面或立体表面的积聚性，已知截交线的两个投影，求第三投影，可利用投影关系直接求出；

（2）依据截平面或立体表面的积聚性，已知截交线的一个投影，求其余两个投影，可利用立体表面取点、取线方法作出。

求解截交线时，首先应进行空间分析和投影分析，明确已知什么，要求解的是什么，明确作图方法与作图步骤。当截交线为平面曲线时，应作出截交线上足够多的公有点（所有的特殊点和一般点），判别可见性并用光滑曲线连接，最后整理立体棱线或曲面转向轮廓素线。

第九章 立体与立体相交

在工程实践中，有些形体是由两个或两个以上的基本立体相交形成的，相交的两个立体称为相贯体。两立体相交，在两立体表面留有的交线，称为相贯线。相贯线是两立体表面的公有线，其形状和数量是由两立体的形状及相对位置决定的。按参与相交两立体的表面形状，相贯线可分为两平面立体相交［如图 9-1（a）所示］、平面立体与曲面立体相交［如图 9-1（b）所示］和两曲面立体相交［如图 9-1（c）所示］三种情况。

本章主要讨论两平面立体、平面立体与曲面立体及两曲面立体相交时，在投影图中相贯线的画法。

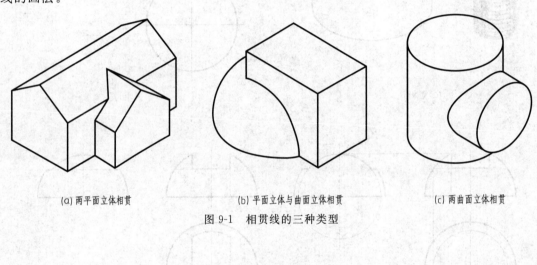

(a) 两平面立体相贯　　　　(b) 平面立体与曲面立体相贯　　　　(c) 两曲面立体相贯

图 9-1　相贯线的三种类型

第一节　两平面立体相交

一、相贯线及其性质

两立体表面相交时所产生的交线称为相贯线。相贯线有以下性质：

（1）相贯线是两立体表面的共有线，也是两立体表面的分界线。

（2）一般情况下，相贯线是封闭的空间折线。

如图 9-2 所示，相贯线上每一段直线都是两平面立体表面的交线，而每一个折点都是一个平面立体的棱线与另一平面立体棱面的交点。因此，求两平面立体的相贯线，实际上就是求棱线与棱面的交点及棱面与棱面的交线。

当一个立体全部贯穿到另一立体时，在立体表面形成两组相贯线，这种相贯形式称为全贯，如图 9-2（a）所示；当两个立体各有一部分棱线参与相交时，在立体表面上形成一组相贯线，这种相贯形式称为互贯，如图 9-2（b）所示。

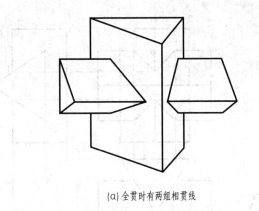
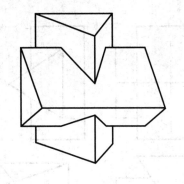

（a）全贯时有两组相贯线　　　　　　　　　　　　（b）互贯时有一组相贯线

图9-2　立体相贯的两种形式

二、求两平面立体相贯线的步骤

（1）确定两立体参与相交的棱线和棱面。

（2）求出参与相交的棱线与棱面的交点。

（3）依次连接各交点的同面投影。连点的原则：只有当两个点对两个立体而言都位于同一个棱面时才能连接。

（4）判别相贯线的可见性，判别的原则：在同一投影中只有两个可见棱面的交线才可见，连实线；否则不可见，连虚线。

（5）补画棱线和外轮廓线的投影。

相贯的两个立体是一个整体，所以一个立体穿入另一个立体内部的棱线不必画出。

【例9-1】　求直立三棱柱与水平三棱柱相贯的正面投影，如图9-3（a）所示。

空间及投影分析：从水平投影和侧面投影可以看出，两三棱柱相互贯穿，相贯线应是一组空间折线。

因为直立三棱柱的水平投影有积聚性，所以相贯线的水平投影必然积聚在直立三棱柱的水平投影轮廓线上；同样相贯线的侧面投影积聚在水平三棱柱的侧面投影轮廓线上。于是相贯线的三个投影，只需求出正面投影。

从立体图中可以看出，水平三棱柱的 D 棱、E 棱和直立三棱柱的 B 棱参与相交，每条棱线有两个交点，可见相贯线上总共有六个折点，连接各点便求出相贯线的正面投影。

作图步骤：

（1）在相贯线的已知投影上标出六个折点的投影 1（2）、3（5）、4（6）和 $1''$、$2''$、$3''$（$4''$）、$5''$（$6''$）；

（2）过 3（5）、4（6）向上引联系线与 d' 棱、e' 棱相交于 $3'$、$4'$ 和 $5'$、$6'$，再由 $1''$、$2''$ 向左引联系线与 b' 棱相交于 $1'$、$2'$；

（3）连点并判别可见性（图中 $3'5'$ 和 $4'6'$ 两段线是不可见的，应连成虚线）；

（4）补画棱线和外轮廓的投影，如图9-3（b）所示。

【例9-2】　求三棱锥与四棱柱相贯的水平投影和侧面投影，如图9-4（a）所示。

空间及投影分析：从三面投影可以看出，四棱柱从前向后整个贯入三棱锥，这种情况叫全贯。全贯时相贯线应是两组空间折线。

因为四棱柱的正面投影有积聚性，那么相贯线的正面投影必然积聚在四棱柱的正面投影

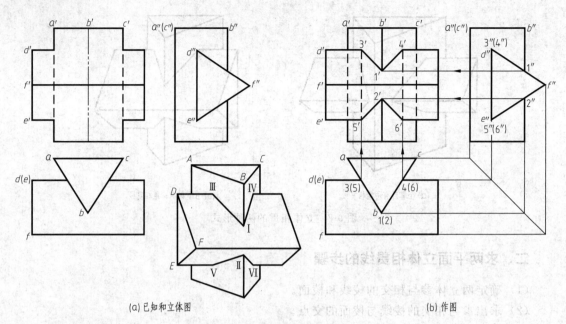

(a) 已知和立体图　　　　　　　　　(b) 作图

图 9-3　两三棱柱相贯

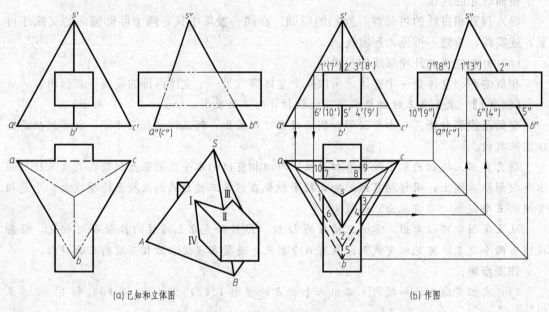

(a) 已知和立体图　　　　　　　　　(b) 作图

图 9-4　三棱锥与四棱柱相贯

轮廓线上，所以只需求出相贯线的水平投影和侧面投影。

从立体图中可以看出，四棱柱的四条棱线和三棱锥的一条棱线（SB）参与相交，相贯线上总共有十个折点，连接各点便求出相贯线的未知投影。

作图步骤：

（1）在相贯线的正面投影上标出十个折点的投影 $1'$（$7'$）、$2'$、$3'$（$8'$）、$4'$（$9'$）、$5'$、$6'$（$10'$）；

（2）利用棱锥表面定点的方法求出其水平投影 1、2、3、…、10；

（3）用"二补三"作图，求出各折点的侧面投影$1''$、$2''$、$3''$、……、$10''$；

（4）顺序连接各点：水平投影6至1、1至2、2至3、3至4可见连成实线，4至5、5至6不可见连虚线；10至7、7至8、8至9可见连实线，9至10不可见连虚线。侧面投影$2''$至$1''$、$1''$至$6''$、$6''$至$5''$连线，$7''8''9''10''$积聚在棱锥的后棱面上；

（5）补画棱线和外轮廓的投影，如图9-4（b）所示。

【例9-3】 如图9-5（a）所示为房屋的正面投影和侧面投影，求房屋表面交线。

空间及投影分析： 如图9-5（a）所示房屋可看成是大五棱柱与小五棱柱相交。由正面投影可知，小五棱柱的左、右正垂面分别与大五棱柱两个棱面交于两条直线段ⅠⅡ、ⅢⅣ和Ⅰ Ⅲ、ⅢⅤ；小五棱柱的左、右两侧平面分别与大五棱柱交于一条直线段ⅣⅥ、ⅤⅦ，又由于两立体有一个公共面，故它们的相贯线为非闭合的空间折线。相贯线的正面投影落在小五棱柱棱面的积聚性投影上，其侧面投影落在大五棱柱棱面的积聚性投影上，所要求的是相贯线的水平投影。由于交线ⅣⅥ、ⅤⅦ为铅垂线，交线ⅡⅣ、ⅢⅤ为正平线，它们的水平投影落在大五棱柱前表面的水平积聚性投影上，故只需求出交线ⅠⅡ、ⅡⅣ、Ⅰ Ⅲ、ⅢⅤ的水平投影即可。

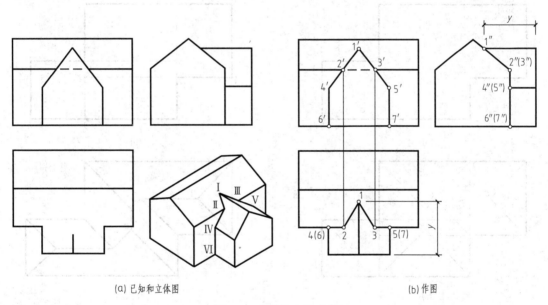

（a）已知和立体图　　　　　　　　　　　　（b）作图

图9-5　房屋的表面交线

作图步骤：

（1）作出顶点Ⅰ、Ⅱ、Ⅲ、Ⅳ、Ⅴ的投影。已知顶点$1'$、$2'$、$3'$、$4'$、$5'$和$1''$、$2''$、$3''$、$4''$、$5''$，依据点的投影规律作出其水平投影1、2、3、4、5，如图9-5（b）所示。

（2）可见性判别并连线。交线所在的两个立体表面的水平投影均可见，故交线可见，连实线，如图9-5（b）所示。

（3）整理立体棱线。将参与相交的各条棱线延长画至相贯线的顶点。

在建筑工程中，若屋顶的各个坡面对水平面的倾角相同、屋檐等高的屋面，则称为同坡屋面。如图9-6所示，同坡屋面交线及其投影有如下规律。

（1）屋檐线互相平行的两坡面必相交为水平屋脊线，其水平投影必平行于屋檐线的水平投影，且与两屋檐线的水平投影等距；如图9-6（b）所示，ab平行于cd、ef；gh平行于

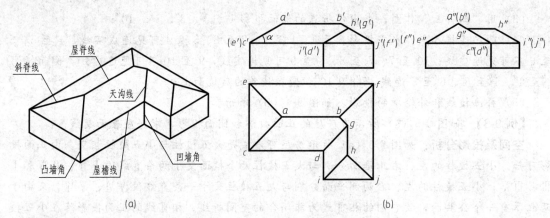

图 9-6　同坡屋面交线

id、jf。

（2）屋檐线相交的两坡面必相交成斜脊线或天沟线，其水平投影必为两屋檐线水平投影

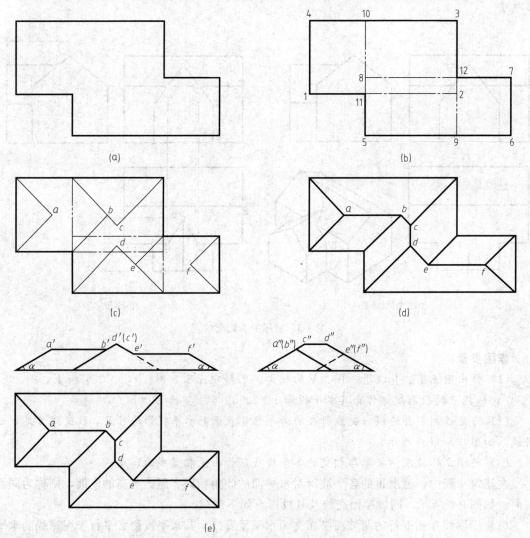

图 9-7　同坡屋面交线作图

夹角的分角线。斜脊线位于凸墙角处，天沟线位于凹墙角处。如图 9-6（b）所示，ac、ae 等为斜脊线的水平投影，dg 为天沟线的水平投影。

（3）屋面上若有两条斜脊线或天沟线相交，则必有一条屋脊线通过该点。如图 9-6（b）中 A、B、G、H 各点。

【例 9-4】　已知如图 9-7（a）所示的四坡顶屋面的平面形状及坡面的倾角 α，求屋面交线。

分析：利用同坡屋面交线的投影特性，首先作出四坡顶屋面的水平投影，依据屋顶坡面倾角 α，作出坡顶屋面的正面投影和侧面投影。

作图步骤：

（1）延长屋檐线的水平投影，使其成三个重叠的矩形 1-2-3-4、5-6-7-8、5-9-3-10，如图 9-7（b）所示。

（2）画出斜脊线和天沟线的水平投影。分别过矩形各顶点作 45° 方向分角线，交于 a、b、c、d、e、f，如图 9-7（c）所示，凸角处是斜脊线，凹角处是天沟线。

（3）画出各屋脊线的水平投影，即连接 a、b、c、d、e、f，并擦除无墙角处的 45° 线，因为这些部位实际无墙角，不存在屋面交线，如图 9-7（d）所示。

（4）根据屋顶坡面倾角 α 和投影作图规律，作出屋面的正面投影和侧面投影，如图 9-7（e）所示。

第二节　平面立体与曲面立体相交

一、相贯线及其性质

两立体表面相交时所产生的交线称为相贯线。相贯线有以下性质：

（1）相贯线是两立体表面的共有线，也是两立体表面的分界线。

（2）一般情况下，相贯线是由几段平面曲线结合而成的空间曲折线。

如图 9-8 所示，相贯线上每段平面曲线都是平面立体的棱面与曲面立体的截交线，相邻两段平面曲线的连接点（也叫结合点）是平面立体的棱线与曲面立体的交点。因此，求平面立体与曲面立体的相贯线，就是求平面与曲面立体的截交线和棱线与曲面立体的交点。

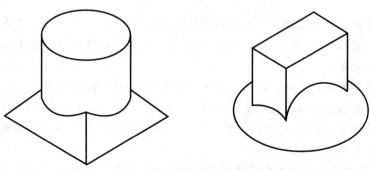

图 9-8　平面立体与曲面立体相贯

二、求平面立体与曲面立体相贯线的步骤

（1）求出平面立体棱线与曲面立体的交点。

（2）求出平面立体棱面与曲面立体的截交线。

（3）判别相贯线的可见性，判别的原则：在同一投影中只有两个可见表面的交线才可见，连实线；否则不可见，连虚线。

（4）补画棱线和外轮廓线的投影。

【例 9-5】 求四棱锥与圆柱相贯的正面投影和侧面投影，如图 9-9（a）所示。

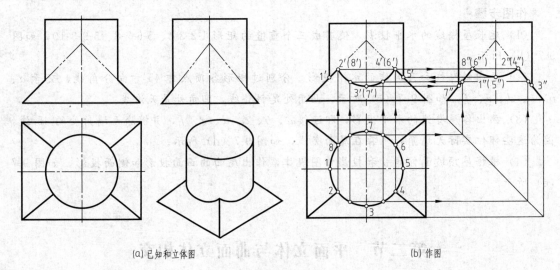

(a) 已知和立体图　　　　　　　　　(b) 作图

图 9-9　四棱锥与圆柱相贯

空间及投影分析： 从立体图及水平投影图可知，相贯线是由四棱锥的四个棱面与圆柱相交所产生的四段椭圆弧（前后对称，左右对称）组成的空间曲折线，四棱锥的四条棱线与圆柱的四个交点是四段椭圆弧的结合点。

由于圆柱的水平投影有积聚性，因此，相贯线上的四段圆弧及四个结合点的水平投影都积聚在圆柱的水平投影上，即相贯线的水平投影是已知的，而相贯线的 V、W 两投影需作图求出。正面投影上，前后两段椭圆弧重影，左右两段椭圆弧分别积聚在四棱锥左右两棱面的正面投影上；侧面投影上，左右两段椭圆弧重影，前后两段椭圆弧分别积聚在四棱锥前后两棱面的侧面投影上；作图时注意对称性。

作图步骤：

（1）在相贯线的水平投影上，标出四个结合点的投影 2、4、6、8，并在四段椭圆弧的中点标出每段的最低点 1、3、5、7，这八个点是椭圆弧上的特殊点；在前后两段椭圆弧上还需确定四个一般点。

（2）利用棱锥表面定点的方法求出各点的正面投影和侧面投影。

（3）顺序连接各点：正面投影上，连接 2′（8′）、3′（7′）、4′（6′）及中间的一般点；在侧面投影上，连接 8″（6″）、1″（5″）、2″（4″），四段椭圆弧的另外一个投影积聚在棱锥四个棱面上，如图 9-9（b）所示。

【例 9-6】 求四棱柱与圆锥相贯的正面投影和侧面投影，如图 9-10（a）所示。

空间及投影分析： 从立体图和水平投影可知，相贯线是由四棱柱的四个棱面与圆锥相交

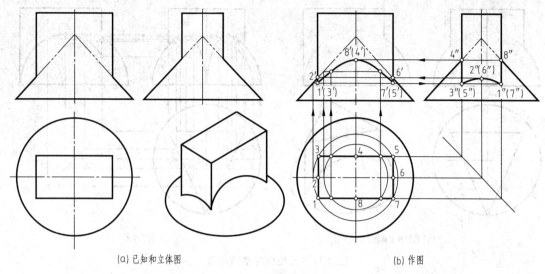

(a) 已知和立体图   (b) 作图

图 9-10 四棱柱与圆锥相贯

所产生的四段双曲线（前后两段较大，左右两段较小，前后、左右对称）组成的空间曲折线，四棱柱的四条棱线与圆锥的四个交点是四段双曲线的结合点。

由于棱柱的水平投影有积聚性，因此，相贯线上的四段双曲线及四个结合点的水平投影都积聚在四棱柱的水平投影上，即相贯线的水平投影是已知的，而相贯线的 V、W 两投影需作图求出。正面投影上，前后两段双曲线重影，左右两段双曲线分别积聚在四棱柱左右两棱面的正面投影上；侧面投影上，左右两段双曲线重影，前后两段双曲线分别积聚在四棱柱前后两棱面的侧面投影上；作图时注意对称性。

作图步骤：

（1）在相贯线的水平投影上，标出四个结合点的投影 1、3、5、7，并在四段双曲线的中点标出每段的最高点 2、4、6、8，这八个点是双曲线上的特殊点；在前后两段双曲线上还需确定四个一般点。

（2）在锥表面上，用纬圆法求出结合点 Ⅰ、Ⅲ、Ⅴ、Ⅶ 及四个一般点的正面投影和侧面投影。

（3）用素线法求出四段交线上的最高点 Ⅱ、Ⅳ、Ⅵ、Ⅷ 点的正面投影和侧面投影。

（3）顺序连接点：正面投影上，连接 $1'$（$3'$）、$8'$（$4'$）、$7'$（$5'$）及中间的一般点；在侧面投影上，连接 $3''$（$5''$）、$2''$（$6''$）、$1''$（$7''$），四段双曲线的另外一个投影积聚在棱柱四个棱面上，如图 9-10（b）所示。

【例 9-7】 求三棱柱与半球相贯的正面投影和侧面投影，如图 9-11（a）所示。

空间及投影分析：从立体图和水平投影可知，相贯线是由三棱柱的三个棱面与半球相交所产生的三段圆弧组成的空间曲线，三棱柱的三条棱线与半球的三个交点是三段圆弧的结合点。

由于棱柱的水平投影有积聚性，因此，相贯线上的三段圆弧及三个结合点的水平投影都积聚在三棱柱的水平投影上，即相贯线的水平投影是已知的，而相贯线的 V、W 两投影需作图求出。后面那段圆弧的正面投影反映实形，其侧面投影积聚在后棱面上；左右两段圆弧的正面投影和侧面投影为椭圆弧，可用纬圆法求出。

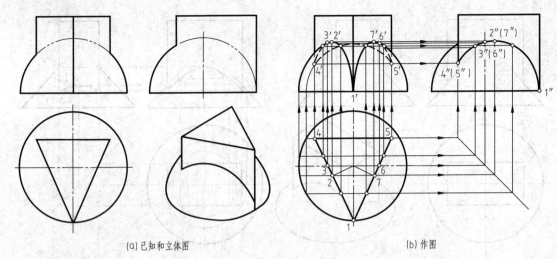

(a) 已知和立体图　　　　　　　　　　　　　(b) 作图

图 9-11　三棱柱与半球相贯

作图步骤：

(1) 在相贯线的水平投影上，标出三段圆弧的投影 1234、45、5671；其中 1、4、5 是三个结合点，2、7 是左右两端圆弧的最高点，3、6 是半球正面轮廓线上的点，这七个点是相贯线上的特殊点；在左右两段圆弧上（V、W 投影为椭圆弧）还需确定四个一般点。

(2) 正面投影 4'5' 应是一段圆弧，可用圆规直接画出（不可见，画成虚线），侧面投影 4"5" 积聚在后棱面上。

(3) 用纬圆法在球表面上求出左右两段圆弧的正面投影 1'2'3'4'、1'7'6'5' 和侧面投影 4"(5")、3"(6")、2"(7")、1"，及四个一般点的两面投影，然后连成椭圆弧（因该两端圆弧左右对称，侧面投影重合）。

(4) 补画棱线和外轮廓的投影，如图 9-11（b）所示。

【例 9-8】 如图 9-12（a）所示，已知三棱柱与圆柱相交，求作相贯线的投影。

空间及投影分析： 如图 9-12（a）所示，由侧面投影可知，三棱柱的三个棱面均与圆柱面相交。在三棱柱上与圆柱轴线垂直的棱面，其交线为两段圆弧；与圆柱轴线平行的棱面，其交线为两直线段；与圆柱轴线斜交的棱面，其交线为两段椭圆弧。两立体为全贯型，相贯线左右对称于圆柱轴线，每条相贯线均由圆弧、直线段和椭圆弧组成，相贯线上的转折点为三棱柱上三条棱线与圆柱面的交点。由于圆柱面的水平投影具有积聚性，故所求相贯线的水平投影与圆柱面的积聚性投影重合；又由于三棱柱的三个棱面的侧面投影具有积聚性，故相贯线的侧面投影与三个棱面的侧面积聚性投影重合，因此，只要作出相贯线的正面投影。依次作出三个棱面与圆柱的截交线，即为所求三棱柱与圆柱的相贯线投影。

作图步骤：

(1) 作直线段的投影。如图 9-12（b）所示，直线段的侧面投影 1"9"、2"10" 位于棱面的侧面积聚性投影上，也在圆柱面上，利用圆柱面的水平积聚性投影，作出其水平投影 1（9）、2（10），然后作出正面投影（1'）（9'）、（2'）（10'）。

(2) 作圆弧的投影。如图 9-12（b）所示，由于交线圆弧为水平圆弧，其正面投影 7'（9'）、8'（10'）为水平方向直线段。

(3) 作椭圆弧的投影。如图 9-12（b）所示，在椭圆弧的侧面投影上取短轴端点 3"、

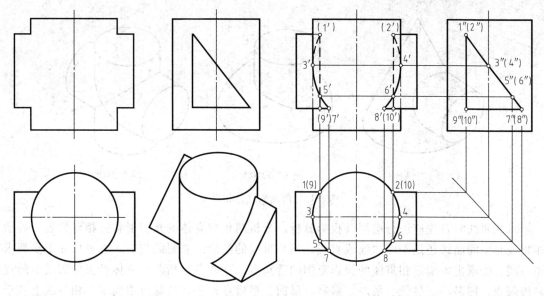

(a) 已知和立体图   (b) 作图

图 9-12 三棱柱与圆柱的相贯线

（4″），此两点位于圆柱面最左、最右素线上，利用点的从属性作出其正面投影 3′、4′；在椭圆弧的侧面投影上，适当位置处取一般点 5″、（6″），利用圆柱面上取点方法作出其正面投影 5′、6′。

（4）判别可见性并连线。两段直线段位于两个不可见的立体表面，用中粗虚线连接；两段圆弧位于前半圆柱面上的可见，后半圆柱面上的不可见，其正面投影重合，画实线；椭圆弧位于前半圆柱面上 3′5′7′ 和 4′6′8′ 可见，画粗实线，位于后半圆柱面上的 (1′) 3′、(2′) 4′ 不可见，画中粗虚线。

（5）整理立体棱线和转向轮廓素线。三棱柱上三条棱线的正面投影延伸至表面相贯线上的顶点，应注意的是在圆柱内部不存在三棱柱棱线，故不能画虚线。同样在三棱柱内部也不存在圆柱正面转向轮廓素线，如图 9-12 (b) 所示。

第三节　两曲面立体相交

一、相贯线及其性质

两曲面立体相交时，相贯线有以下性质：

（1）相贯线是两立体表面的共有线，也是两立体表面的分界线，相贯线上的点是两曲面立体表面的共有点。

（2）一般情况下，相贯线是封闭的空间曲线，如图 9-13 (a)、(b) 所示，特殊情况下成为平面曲线或直线，如图 9-13 (c) 所示。

二、求相贯线的方法及步骤

求相贯线常用的方法有表面取点法和辅助平面法。

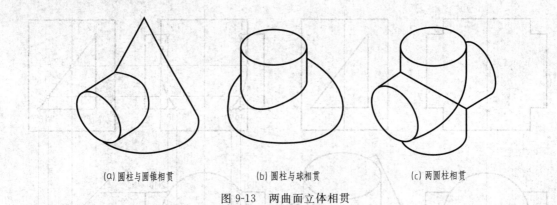

(a) 圆柱与圆锥相贯　　　　　　　(b) 圆柱与球相贯　　　　　　　(c) 两圆柱相贯

图 9-13　两曲面立体相贯

　　求相贯线时首先应进行空间及投影分析，分析两相交立体的几何形状、相对位置，弄清相贯线是空间曲线还是平面曲线或直线。当相贯线的投影是非圆曲线时，一般按如下步骤求相贯线：①求出能确定相贯线的投影范围的特殊点，这些点包括曲面立体投影轮廓线上的点和极限点，即最高、最低、最左、最右、最前、最后点；②在特殊点中间求作相贯线上若干个一般点；③判别相贯线投影可见性后，用粗实线或虚线依次光滑连线。

　　可见性的判别原则：只有同时位于两立体可见表面的相贯线才可见。

1. 表面取点法

　　当相交的两曲面立体之一，有一个投影有积聚性，相贯线上的点可利用积聚性通过表面取点法求得。

　　【例 9-9】　求作轴线正交两圆柱相贯的正面投影，如图 9-14（a）所示。

　　空间及投影分析：从立体图和投影图可知，两圆柱的轴线垂直相交，有共同的前后对称面和左右对称面，小圆柱横穿过大圆柱。因此，相贯线是左右对称的两组封闭空间曲线。

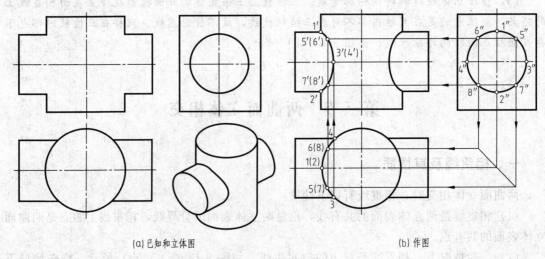

(a) 已知和立体图　　　　　　　　　　　　　　(b) 作图

图 9-14　两圆柱相贯

　　因为相贯线是两圆柱面的共有线，所以，其水平投影积聚在小圆柱穿过大圆柱处的左右两段圆弧上；侧面投影积聚在小圆柱侧面投影的圆周上，因此只需求出相贯线的正面投影。因相贯线前后对称，所以相贯线的正面投影重合，为左右各一段圆弧。

作图步骤：

（1）求特殊点。先在相贯线的水平投影和侧面投影上，标出左侧相贯线的最上、最下、最前、最后点的投影1、2、3、4和1″、2″、3″、4″，再利用"二补三"作图作出这四个点的正面投影1′、2′、3′、4′。由水平投影可看出，1（2）、3（4）又是相贯线上最左、最右点的投影。

（2）求一般点。一般点决定曲线的趋势。任取对称点Ⅴ、Ⅵ、Ⅶ、Ⅷ的侧面投影5″、6″、7″、8″，然后求出水平投影5、6、7、8，最后求出正面投影5′（6′）、7′（8′）。

（3）连曲线。按各点侧面投影的顺序，将各点的正面投影连成光滑的曲线，即得左侧相贯线的正面投影。利用对称性作出右侧相贯线的正面投影。

（4）判别可见性。两相贯体前后对称，其相贯线的正面投影前后重合，所以只画可见的1′5′3′7′2′即可。

（5）整理外形轮廓线。两圆柱正面投影外形轮廓线画到1′、2′两点即可，而大圆柱外形轮廓线在1′、2′之间不能画线，如图9-14（b）所示。

【例9-10】 求作轴线正交的圆柱和圆锥相贯的正面投影和水平投影，如图9-15（a）所示。

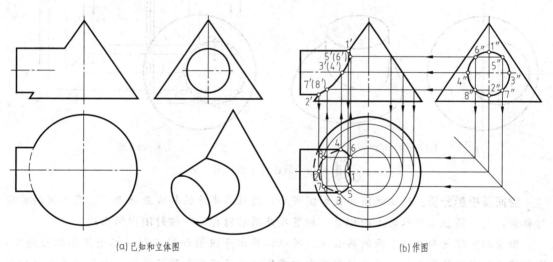

（a）已知和立体图　　　　　　　　　　（b）作图

图9-15　圆柱与圆锥相贯

空间及投影分析： 从立体图和投影图可知，圆柱与圆锥的轴线垂直相交，有共同的前后对称面，整个圆柱在圆锥的左侧相交，相贯线是前后对称的一组封闭空间曲线。

因为相贯线是两立体表面的共有线。所以，其侧面投影积聚在圆柱侧面投影的圆周上，即相贯线的侧面投影已知，因此只需求出相贯线的正面投影和水平投影。由于相贯线前后对称，所以相贯线正面投影前后重影，为一段曲线；相贯线的水平投影为一闭合的曲线，在上半个圆柱面上的一段曲线可见（画实线），下半个圆柱面上一段曲线不可见（画虚线）。

作图步骤：

（1）求特殊点。先在相贯线的侧面投影上，标出相贯线的最上、最下、最前、最后点的投影1″、2″、3″、4″。其中Ⅰ、Ⅱ两点在圆锥的正面轮廓线上，又在圆柱上下两条素线上，所以在正面投影中可直接求出1′、2′，水平投影1、2用"二补三"得出。Ⅲ、Ⅳ两点在锥面同一个纬圆上，用纬圆法求出水平投影3、4，再求出正面投影3′、4′。

（2）求一般点。任取对称点Ⅴ、Ⅵ、Ⅶ、Ⅷ的侧面投影5″、6″、7″、8″，然后用纬圆法在锥表面上求出水平投影5、6、7、8，最后求出正面投影5′（6′）、7′（8′）。

（3）连曲线。按各点侧面投影的顺序，将它们的正面投影和水平投影连成光滑的曲线。

（4）判别可见性。正面投影上，两相贯体前后对称，其相贯线的正面投影前后重合，所以只画可见的1′、5′、3′、7′、2′即可。水平投影上，以3、4为分界点，相贯线上半部分3、5、1、6、4可见画成实线，下半部分4、8、2、7、3不可见画成虚线。

（5）整理外形轮廓线。正面投影外形轮廓线画到1′、2′两点即可，水平投影上，圆柱外形轮廓线画到3、4两点，如图9-15（b）所示。

【例9-11】 求作轴线平行的圆柱和半球相贯的正面投影和侧面投影，如图9-16（a）所示。

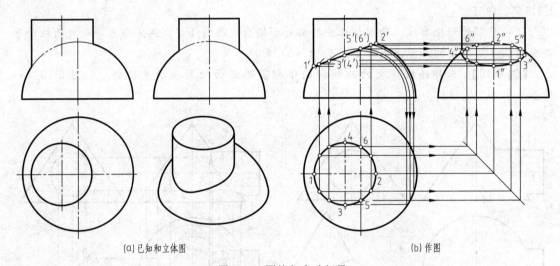

（a）已知和立体图   （b）作图

图9-16 圆柱与半球相贯

空间及投影分析： 从立体图和投影图可知，圆柱与半球的轴线互相平行，有共同的前后对称面，整个圆柱在半球的上面相交，相贯线是前后对称的一组封闭空间曲线。

因为相贯线是两立体表面的共有线。所以，其水平投影积聚在圆柱水平投影的圆周上，即相贯线的水平投影已知，因此只需求出相贯线的正面投影和侧面投影。由于相贯线前后对称，所以相贯线正面投影前后重影，为一段曲线；相贯线的侧面投影为一闭合的曲线，在左半个圆柱面上的一段曲线可见（画实线），右半个圆柱面上一段曲线不可见（画虚线）。

作图步骤：

（1）求特殊点。先在相贯线的水平投影上，标出相贯线上的最左、最右、最前、最后及半球侧面投影轮廓线点的投影1、2、3、4、5、6，其中Ⅰ、Ⅱ两点也是最下、最上的点。同前题，Ⅰ、Ⅱ两点的正面投影可直接求出1′、2′，侧面投影1″、2″用"二补三"得出；Ⅴ、Ⅵ两点的侧面投影可根据宽相等直接在侧面投影轮廓线上得出；Ⅲ、Ⅳ两点用纬圆法求出。

（2）求一般点。图中在水平投影中任取六个对称点，用纬圆法求出六个点的另两个投影。

（3）连曲线。按各点水平投影的顺序，将它们的正面投影和侧面投影连成光滑的曲线。

（4）判别可见性。正面投影上，两相贯体前后对称，其相贯线的正面投影前后重合，所

以只画可见的 $1'$、$3'$、$5'$、$2'$ 及三个一般点即可。侧面投影上，以 $3''$、$4''$ 为分界点，相贯线上左部分 $4'$、$1'$、$3'$ 可见画成实线，右半部分 $3'$、$5'$、$2'$、$6'$、$4'$ 不可见画成虚线。

（5）整理外形轮廓线。正面投影外形轮廓线画到 $1'$、$2'$ 两点即可，侧面投影上，圆柱外形轮廓线画到 $3''$、$4''$ 两点，半球外轮廓画到 $5''$、$6''$ 两点（在柱面右面的轮廓不可见），如图 9-16 (b) 所示。

2. 辅助平面法

辅助平面法就是假想用一个平面截切相交两立体，所得截交线的交点，就是相贯线上的点。在相交部分作出若干个辅助平面，求出相贯线上一系列点的投影，依次光滑连接，即得相贯线的投影。

为便于作图，应选择截两立体截交线的投影都是简单易画的直线或圆为辅助平面，一般选择特殊位置平面作为辅助平面，如图 9-17 所示。假想用一水平的辅助平面截切两回转体，辅助平面与球和圆锥的截交线各为一个纬圆，两个圆在水平投影中相交于Ⅰ、Ⅱ两点，这些交点就是相贯线上的点。求出一系列这样的点连成曲线，即为两曲面立体的相贯线。

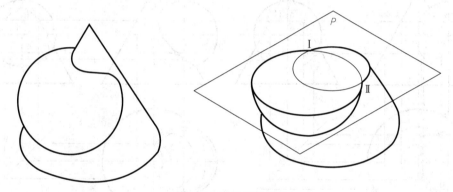

图 9-17　圆锥与球相贯

【例 9-12】　求作球和圆锥相贯的正面投影和水平投影，如图 9-18 (a) 所示。

空间及投影分析： 从 9-18 (a) 可知，球的中心线与圆锥的轴线互相平行，有共同的前后对称面，相贯线是前后对称的一组封闭空间曲线。

因为两立体投影没有积聚性，因此，相贯线就没有已知投影，所以不能用表面取点法求相贯线上的点，而用辅助平面法可求出相贯线上的点。由于相贯线前后对称，所以相贯线正面投影前后重影，为一段曲线；相贯线的水平投影为一闭合的曲线，在球面上半部分的一段曲线可见（画实线），球面下半部分的一段曲线不可见（画虚线）。

作图步骤：

（1）求作相贯线上特殊点的投影。由于相贯体前后对称，圆锥和圆球的正面投影轮廓线的交点即为相贯线上最高点 a' 和最低点 b'，作出其水平投影 a、b 和侧面投影 a''、b''；圆球水平转向轮廓线上点 c'、d'，其水平投影 c、d 可利用辅助平面法作出。

辅助平面法求公有点 C、D：过球心作水平辅助平面 P，与圆球的交线为圆（即为圆球水平转向轮廓线），与圆锥的交线也是圆（半径等于辅助面 P 与圆锥正面轮廓素线的交点至轴线的距离），两交线圆水平投影的交点即为 c、d，其正面投影 c'、d' 位于截平面的正面积聚性投影上，其侧面投影 c''、d'' 可利用点的投影规律求得，如图 9-18 (b) 所示。

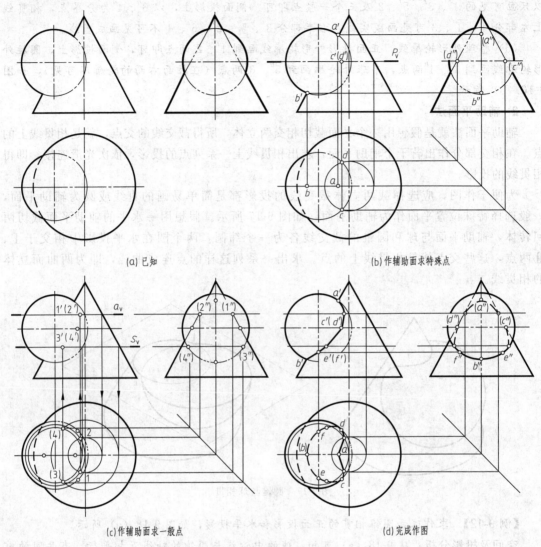

(a) 已知

(b) 作辅助助面求特殊点

(c) 作辅助面求一般点

(d) 完成作图

图 9-18　圆锥与球相贯

（2）求作相贯线上一般点的投影。利用辅助平面法作出Ⅰ、Ⅱ、Ⅲ、Ⅳ的三面投影，如图 9-18（c）所示。

（3）判别可见性并连线。如图 9-18（d）所示，相贯线正面投影可见性：由于相贯线前后对称，前半相贯线可见，画实线；后半相贯线不可见，其投影与前半相贯线重合。相贯线的水平投影可见性：位于上半球面的相贯线 cad 可见，画实线；位于下半球的相贯线 d（b）c 不可见，画虚线。相贯线侧面投影的可见性：位于左半球上相贯线 5″b″6″可见，位于右半球上相贯线 5″（c″）（a″）（d″）6″不可见，画虚线。其中球面上侧面转向轮廓线上点Ⅴ、Ⅵ，是通过作出相贯线的正面投影后，其与圆球竖向中心线的交点 5′、6′，求得其侧面投影 5″、6″。

（4）整理圆球、圆锥轮廓素线的投影。所有曲面轮廓素线画至相贯线，可见则画实线，不可见则画虚线，圆锥的底面是完整的，只需将被球遮挡的底圆轮廓画成虚线即可，如图 9-18（d）所示。

三、相贯线的变化

两曲面立体相交，由于它们的形状、大小和轴线相对位置不同，相贯线不仅形状和变化趋势不同，而且数量也不同，如图 9-19 和图 9-20 所示。

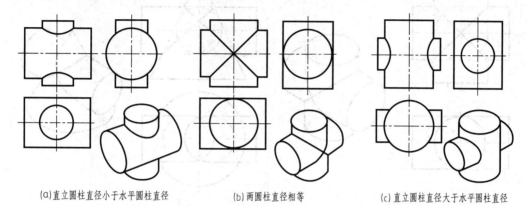

(a)直立圆柱直径小于水平圆柱直径   (b)两圆柱直径相等   (c)直立圆柱直径大于水平圆柱直径

图 9-19　两圆柱尺寸变化时相贯线的变化

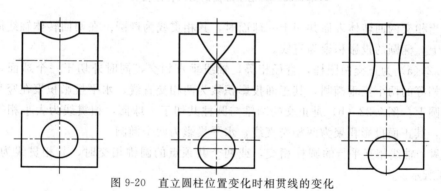

图 9-20　直立圆柱位置变化时相贯线的变化

四、相贯线的特殊情况

一般情况下，两曲面立体的相贯线是空间曲线，特殊情况下是平面曲线或直线。

（1）两回转体共轴时，相贯线为垂直于轴线的圆。

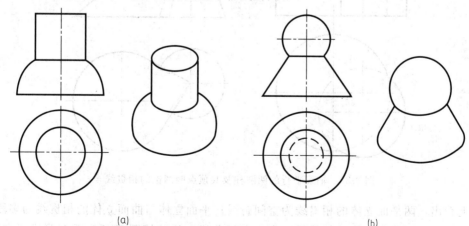

(a)   (b)

图 9-21　共轴的两回转体相贯

如图 9-21（a）所示，是圆柱和球同轴；如图 9-21（b）所示，是圆锥台与球同轴，因为它们的轴线平行于正面，所以在正面投影中，相贯线圆的投影都是直线。

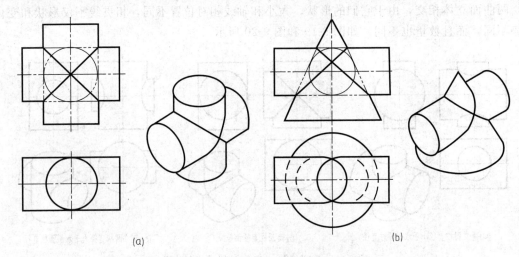

图 9-22　共切于球面的两回转体相贯

（2）当相交两回转体表面共切于一球面时，其相贯线为椭圆。在两回转体轴线同时平行的投影面上，椭圆的投影积聚为直线。

图 9-22（a）为正交两圆柱，直径相等，轴线垂直相交，同时外切于一个球面，其相贯线为大小相等的两个正垂椭圆，其正面投影积聚为两相交直线，水平投影积聚在竖直圆柱的投影轮廓圆上。图 9-22（b）是正交的圆锥与圆柱共切于一球面，相贯线为大小相等的两个正垂椭圆，其正面投影积聚为两相交直线，水平投影为两个椭圆。

（3）两个轴线相互平行的圆柱相交，或两个共顶点的圆锥相交时，其相贯线为直线段，如图 9-23 所示。

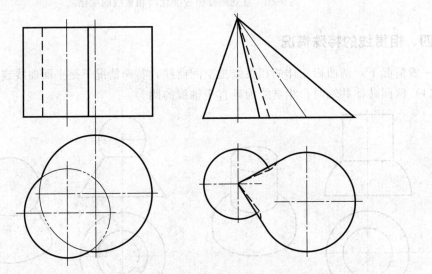

图 9-23　轴线平行的两圆柱及共顶点两圆锥的相贯线

由上看出，两平面立体的相贯线为空间折线；平面立体与曲面立体的相贯线为多段平面曲线组合而成；两曲面立体的相贯线通常为空间曲线，特殊情况下可为平面曲线或直线段。

相贯线的作图方法通常有以下三种：

（1）当两立体表面具有积聚性，即已知相贯线的两个投影，求第三投影，可利用投影关系直接求出；

（2）当其中一个立体表面具有积聚性，即已知相贯线的一个投影，求其余两个投影，可利用立体表面取点、取线方法作出；

（3）两立体表面均无积聚性，可利用辅助平面法作出。

求解相贯线时，首先应进行空间分析和投影分析，明确已知什么，要求解的是什么，明确作图方法与作图步骤。当相贯线为空间曲线时，应作出相贯线上足够多的公有点（所有的特殊点和一般点），判别可见性并用光滑曲线连接，最后整理立体棱线或曲面转向轮廓素线。

第四节　穿孔体的投影

如图 9-24（a）所示，带有穿孔的立体叫穿孔体。画穿孔体投影的关键在于画出立体表面上孔口线的投影。

把图 9-24（b）所示的相贯体与穿孔体比较。可以清楚看出，把相贯体上的四棱柱抽掉后，就成了带有方孔的穿孔体。可见，穿孔体上的孔口线同相贯体上的相贯线实际是一回事。

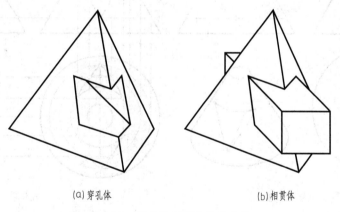

(a) 穿孔体　　　　　　　　(b) 相贯体

图 9-24　相贯体与穿孔体的比较

【例 9-13】　作出三棱锥上长方孔的水平投影和侧面投影，如图 9-25（a）所示。

作图方法和步骤同例 9-4 一样，用棱锥表面定点的方法求出前后两部分孔口线的水平投影和侧面投影。需要注意的是：方孔内的棱线是不可见的，应该画出虚线，如图 9-25（b）所示。

【例 9-14】　作出圆台上三角孔的水平投影和侧面投影，如图 9-26（a）所示。

空间及投影分析： 从立体图和正面投影可知，三角孔与圆台表面的交线相当于三棱柱与圆台的相贯线，它是前后对称的两组空间曲线。每组空间曲线都是三段平面曲线结合而成，上面一段是圆弧，左右两段是相同的椭圆弧。三棱柱的三条棱线与圆台的三个交点是三段曲线的结合点。

由于三棱柱的正面投影有积聚性，因此，孔口线的正面投影是已知的，而它的 H、W

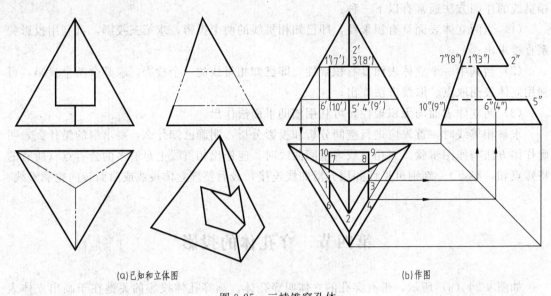

(a)已知和立体图　　　　　　(b)作图

图 9-25　三棱锥穿孔体

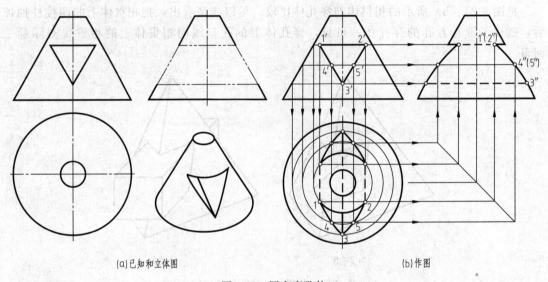

(a)已知和立体图　　　　　　(b)作图

图 9-26　圆台穿孔体

两投影需作图求出。

作图步骤：

(1) 在交线的正面投影上标出三段平面曲线的三个结合点 1′、2′、3′和一般点 4′、5′。

(2) 水平投影 12 应是一段圆弧，可用圆规直接画出，侧面投影积聚在三棱柱孔上棱面上。

(3) Ⅰ、Ⅳ、Ⅲ和Ⅲ、Ⅴ、Ⅱ两段椭圆弧的水平投影和侧面投影，用纬圆法在圆台表面上求出。

(4) 同样方法作出圆台后面交线的投影。

(5) 整理轮廓线。画出三角孔的三条棱线（注意可见性），如图 9-26（b）所示。

【例 9-15】 作出半球上四棱柱孔的水平投影和侧面投影，如图 9-27（a）所示。

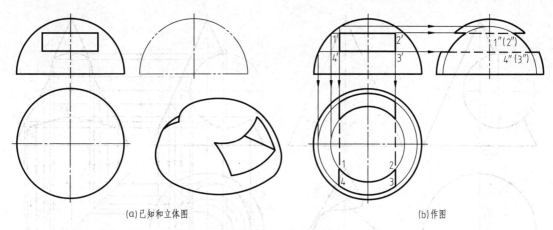

(a)已知和立体图 (b)作图

图 9-27 半球穿孔体

空间及投影分析：从立体图和正面投影可知，四棱柱孔与半球表面的交线相当于四棱柱与半球的相贯线，它是前后对称的两组空间曲线。每组空间曲线都是四段圆弧结合而成。四棱柱的四条棱线与半球的四个交点是四段圆弧的结合点。

由于四棱柱的正面投影有积聚性，因此，孔口线的正面投影是已知的，而它的 H、W 两投影需作图求出。

作图步骤：

(1) 在交线的正面投影上标出四段圆弧的四个结合点 $1'$、$2'$、$3'$、$4'$。

(2) 水平投影 12、34 应是两段圆弧，可用圆规直接画出，侧面投影积聚在四棱柱孔上、下两棱面上。

(3) 侧面投影 $1''$、$4''$ $(2'')$ $(3'')$ 投影重合，可用圆规直接画出，水平投影积聚在四棱柱孔左、右两棱面上。

(4) 同样方法作出半球后面交线的投影。

(5) 整理轮廓线。画出四棱柱孔的四条棱线（注意可见性），如图 9-27（b）所示。

【例 9-16】 已知圆锥上挖切圆柱槽，如图 9-28（a）所示，完成其水平投影和侧面投影。

空间及投影分析：如图 9-28（a）所示，圆锥上挖切圆柱槽，可看成是实体圆锥与虚体圆柱相贯，相贯线为一条闭合的空间曲线。由于圆柱轴线为正垂线，故相贯线的正面投影与圆柱面的正面积聚性投影重合，所要求解的是相贯线的水平投影和侧面投影。相贯线上的公有点可利用圆锥面上取点方法（素线法或纬圆法）获得。首先求出相贯线上所有特殊点和一般点的投影，然后判别相贯线的可见性，并用光滑曲线连接各点，即为所求相贯线的投影。

作图步骤：

(1) 求作相贯线上的特殊点的投影。由于相贯体前后对称，故相贯线前后对称，为表述方便，故对前半相贯线上公有点进行编号。已知相贯线的正面投影，在其上取特殊点：最高点 $1'$、最低点 $5'$（也是最前点）、最左点 $6'$、最右点 $3'$（也是圆柱水平转向轮廓线上点）、圆锥侧面转向轮廓线上点 $2'$ 和 $4'$，利用圆锥面上取点方法（本例采用纬圆法）作出这些点的水平投影和侧面投影，如图 9-28（b）所示。

(2) 求作相贯线上一般点的投影。在相贯线正面投影上取一般点 e'、f'，利用纬圆法作出水平投影 e、f 和侧面投影 e''、f''，如图 9-28（b）所示。

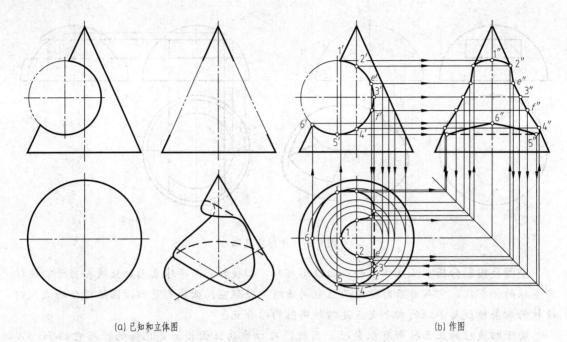

(a) 已知和立体图　　　　　　　　　　　　　　(b) 作图

图 9-28　圆锥穿孔体

（3）判别可见性并连线。由于圆锥面水平投影可见，故相贯线的水平投影可见，用粗实线连接各点。又由于圆柱为虚体，故相贯线的侧面投影也可见，用粗实线连接各点，如图 9-28（b）所示。

（4）整理圆柱、圆锥轮廓素线。圆柱面上最右水平转向轮廓素线不可见，画中粗虚线；圆柱槽上最低素线的侧面投影不可见，画中粗虚线。圆锥面上最前、最后素线被圆柱面截去中间部分，其侧面投影应擦除该部分锥面轮廓线。

第十章　轴测投影

多面正投影图通常能较完整、确切地表达出物体各部分的形状，且绘图方便，所以它是工程上常用的图样，如图 10-1（a）所示。但是这种图样缺乏立体感，必须有一定读图能力的人才能看懂。为了帮助看图，工程上还采用轴测投影图，如图 10-1（b）所示。轴测投影图能在一个投影上同时反映物体的正面、顶面和侧面的形状，立体感强，直观性好。但轴测投影图也有缺陷，它不能确切地表达形体的实际形状与大小，比如形体上原来的长方形平面，在轴测投影图上变形成平行四边形，圆变形成椭圆，且作图复杂，因而轴测图在工程上仅用来作为辅助图样。

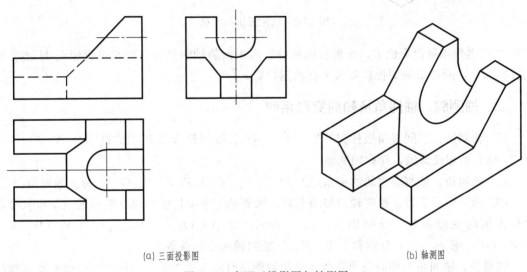

(a) 三面投影图　　　　　　　　(b) 轴测图

图 10-1　多面正投影图与轴测图

第一节　基 本 知 识

一、轴测投影的形成

将物体和确定该物体位置的直角坐标系，按投影方向 S 用平行投影法投影到某一选定的投影面 P 上得到的投影图称为轴测投影图，简称轴测图；该投影面 P 称为轴测投影面。通常轴测图有以下两种基本形成方法，如图 10-2 所示。

（1）投影方向 S_z 与轴测投影面 P 垂直，将物体倾斜放置，使物体上的三个坐标面和 P 面都斜交，这样所得的投影图称为正轴测投影图。

（2）投影方向 S_x 与轴测投影面 P 倾斜，这样所得的投影图称为斜轴测投影图。把正立

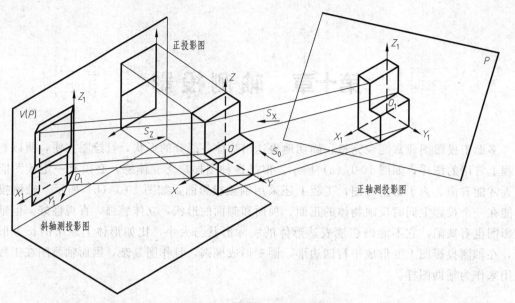

图 10-2　轴测投影的形成

投影面 V 当作轴测投影面 P，所得斜轴测投影叫正面斜轴测投影；把水平投影面 H 当作轴测投影面 P，所得斜轴测投影叫水平斜轴测投影。

二、轴测轴、轴间角及轴向变形系数

（1）轴测轴：空间直角坐标轴 OX、OY、OZ 在轴测投影面 P 上的投影 O_1X_1、O_1Y_1、O_1Z_1 称为轴测投影轴，简称轴测轴。

（2）轴间角：轴测轴之间的夹角 $\angle X_1O_1Y_1$、$\angle X_1O_1Z_1$ 和 $\angle Y_1O_1Z_1$ 称为轴间角。

（3）轴向变形系数：也叫轴向伸缩系数。轴测轴上单位长度与相应坐标轴上单位长度之比称为轴向变形系数，分别用 p、q、r 表示。即 $p=O_1X_1/OX$、$q=O_1Y_1/OY$、$r=O_1Z_1/OZ$，则 p、q、r 分别称为 X、Y、Z 轴的轴向变形系数。

轴测轴、轴间角及轴向变形系数是绘制轴测图时的重要参数，不同类型的轴测图其轴间角及轴向变形系数是不同的。

三、轴测投影的投影特性

由于轴测投影仍然是平行投影，它具有平行投影的投影一般特性。即：

（1）物体上互相平行的直线，其轴测投影仍平行。

（2）物体上与轴平行的线段，其轴测投影平行于相应的轴测轴，其轴向伸缩系数与相应轴测轴的轴向伸缩系数相等。因此，画轴测图时，物体上凡平行于坐标轴的线段，都可按其原长乘以相应的轴向伸缩系数得到轴测长度，这就是轴测图"轴测"二字的含义。

四、轴测投影的分类

已如前述，根据投影方向和轴测投影面的相对关系，轴测投影图可分为：正轴测投影图和斜轴测投影图。这两类轴测投影，根据轴向变形系数的不同，又可分为三种：

（1）当 $p=q=r$，称为正（或斜）等轴测投影，简称为正（或斜）等测。

（2）当 $p=q\neq r$，或 $p\neq q=r$ 或 $p\neq r=q$，称为正（或斜）二等轴测投影，简称为正（或斜）二测。

（3）当 $p\neq q\neq r$，称为正（或斜）三轴测投影，简称为正（或斜）三测。

第二节 正轴测投影

一、轴间角与轴向伸缩系数

正轴测投影图是用正投影法绘制的轴测图。此时物体的三个直角坐标面都倾斜于轴测投影面。倾斜的程度不同，其轴测轴的轴间角和轴向伸缩系数亦不同。根据三个轴向伸缩系数是否相等，正轴测投影图可分为：正等测、正二测、正三测。工程实践中常采用正等测和正二测。

1. 正等测

根据理论分析（证明从略），正等测的轴间角 $\angle X_1O_1Y_1=\angle X_1O_1Z_1=\angle Y_1O_1Z_1=120°$。作图时，一般使 O_1Z_1 轴处于铅垂位置，则 O_1X_1 和 O_1Y_1 轴与水平线成 $30°$，可利用 $30°$ 三角板方便地作出，如图 10-3（a）所示。正等测的轴向变形系数 $p=q=r\approx0.82$。但在实际作图时，按上述轴向变形系数计算尺寸却是相当麻烦。由于绘制轴测图的主要目的是为了表达物体的直观形状，故为了作图方便起见，常采用一组轴向的简化变形系数，在正等测中，取 $p=q=r=1$，作图时就可以将视图上的尺寸直接度量到相应的 O_1X_1、O_1Y_1 和 O_1Z_1 轴上。如图 10-4（a）所示长方体的长、宽和高分别为 a、b 和 h，按轴向的简化变形系数作出的正等测，如图 10-4（b）所示。它与实际变形系数相比较，其形状不变，仅是图形按一定比例放大，图上线段的放大倍数为 $1/0.82\approx1.22$。

2. 正二测

正二测的轴间角 $\angle X_1O_1Y_1=\angle Y_1O_1Z_1=131°25'$，$\angle X_1O_1Z_1=97°10'$。作图时，一般使 O_1Z_1 轴处于铅垂位置，则 O_1X_1 轴与水平线成 $7°10'$，O_1Y_1 轴与水平线成 $41°25'$，由于 $\tan7°10'\approx1/8$，$\tan41°25'\approx7/8$，因此可利用此比例作出正二测的轴测轴，如图 10-3（b）所示。正二测的轴向变形系数 $p=r\approx0.94$、$q\approx0.47$，为作图方便，取轴向的简化变形系

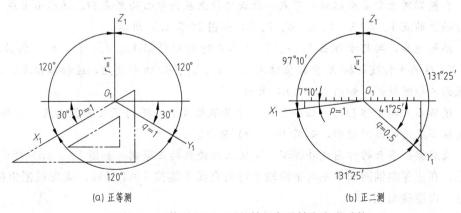

（a）正等测　　　　　　（b）正二测

图 10-3　正等测和正二测的轴间角及轴向变形系数

数 $p=r=1$、$q=0.5$，这样作出长方体的正二测，如图 10-4（c）所示，图上线段的放大倍数为 $1/0.94=0.5/0.47\approx1.06$。

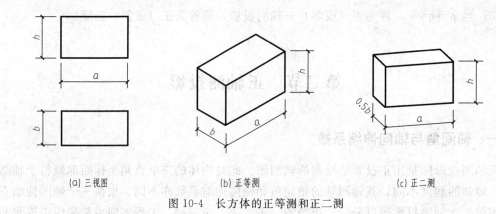

（a）三视图 　　　　　　　（b）正等测 　　　　　　　（c）正二测

图 10-4　长方体的正等测和正二测

二、平面体的正等测和正二测画法

画轴测图的基本方法是坐标法，即根据形体各顶点的坐标值定出其在轴测投影中的位置，画出轴测图的作图方法称为坐标法。

但在实际作图时，还应根据物体的形状特点不同，结合切割法、叠加法、端面法以及方箱法等，灵活采用不同的作图步骤。下面举例说明不同形状特点的平面立体轴测图的几种具体作法。

1. 平面立体正等测的画法

绘制正等轴测图一般将 O_1Z_1 轴画成铅垂，另外两个方向按物体所要表达的内容和形体特征选择，所绘图样尽可能将物体要表达的部分清晰表达出来。

【例 10-1】　作出如图 10-5（a）所示正六棱柱的正等轴测图。

分析：由于作物体的轴测图时，习惯上是不画出其虚线的，如图 10-4 所示，因此作正六棱柱的轴测图时，为了减少不必要的作图线，宜选择六棱柱的上底面作为 XOY 面；又由于正六棱柱前后、左右均对称，故选其上底面的中心为坐标原点 O，则轴线为 OZ 轴，如图 10-5（a）所示。

作图步骤：

（1）在投影图上定出坐标轴和原点。取六棱柱上底面中心为原点 O，并标出上底面各顶点及坐标轴上的点 1、2、3、4、5、6、7、8，如图 10-5（a）所示。

（2）画轴测轴，按尺寸作出 1、4、7、8 各点的轴测投影 1_1、4_1、7_1、8_1；然后过 7_1、8_1 作 O_1X_1 轴的平行线，按 X 坐标值作出 2_1、3_1、5_1、6_1 四个顶点，连接各顶点，完成六棱柱上底面的轴测投影，如图 10-5（b）所示。

（3）过各顶点向下作 O_1Z_1 轴平行线，并量取棱高 h，得到下底面各顶点，连接各点，作出六棱柱下底面的轴测投影，如图 10-5（c）所示。

（4）最后擦去多余的作图线并描深，完成正六棱柱的正等测，如图 10-5（d）所示。

注意：在正等测轴测图中不与轴测轴平行的直线不能按 1:1 量取，应先根据坐标定出两个端点，再连接而成。

【例 10-2】　作出如图 10-6（a）所示切口五棱柱的正等轴测图。

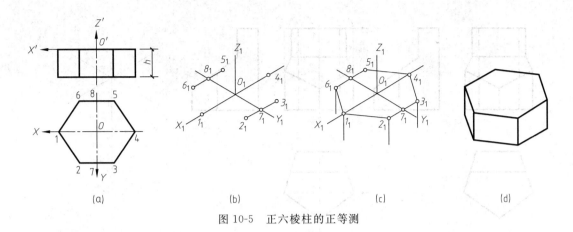

图 10-5　正六棱柱的正等测

分析：本题详细求解过程见第八章例 8-2。绘制切割体的轴测图，主要是找出各顶点的轴测坐标即可。因为轴测图不画虚线，所以坐标原点的选择就尤为重要。

作图步骤：

（1）在投影图上定出坐标轴和原点。坐标原点 O 取在五棱柱上底面，并在投影图中标出上底面各顶点，如图 10-6（b）所示。

（2）画轴测轴，注意轴间角，轴测轴 O_1Z_1 向下，如图 10-6（c）所示。

（3）作出五棱柱上底面轴测图，如图 10-6（d）所示。

（4）在 O_1Z_1 轴上截取五棱柱高，如图 10-6（e）所示。

（5）作出五棱柱下底面轴测图，如图 10-6（f）所示。

（6）完成五棱柱未被截切时的轴测图，如图 10-6（g）所示。

（7）作截切五棱柱的正平面，如图 10-6（h）所示。

（8）按各点 Z 坐标找出截切五棱柱的侧垂面与竖直棱线交点，如图 10-6（i）所示。

（9）完成五棱柱被侧垂面截切时的轴测图，如图 10-6（j）所示。

（10）最后擦去多余的作图线并描深，完成正五棱柱切割体的正等测，如图 10-6（k）所示。

【例 10-3】 用端面法绘制如图 10-7（a）所示台阶的正等轴测图。

分析：台阶的踢面和踏面可以看成由不同大小的四棱柱组成，其正等轴测图可以先作出踏步踢步与右侧栏板内侧面的交线（"端面"），再过交线各顶点画 X 轴的平行线，即得踏步。

作图步骤：

（1）从形体左前角开始，画出左右栏板及右侧栏板与踏步踢步交线，如图 10-7（b）所示。

（2）画踏步踢步交线，注意与 X 轴平行，如图 10-7（c）所示。

（3）整理成图，如图 10-7（d）所示。

【例 10-4】 用切割法绘制如图 10-8（a）所示形体的正等轴测图。

分析：该形体可视为由长方体切去了一个小长方体和一个角而形成。画轴测图时，可先画出完整的形体（原形），再逐步挖切，这种作图方法称为切割法。

作图步骤：

（1）画出长方体的正等轴测图，并在左上方切去一块，如图 10-8（b）所示；

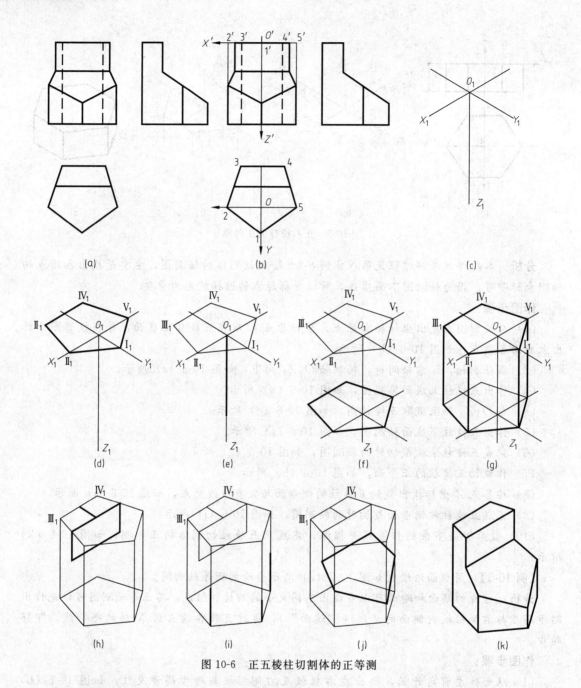

图 10-6 正五棱柱切割体的正等测

（2）切去左前方的一个角（一定要沿轴向量取 b_2 和 L_2，来确定切平面的位置），如图 10-8（c）所示。

（3）擦去多余的作图线，加深可见部分的轮廓线，如图 10-8（d）所示。

【例 10-5】 用叠加法绘制如图 10-9（a）所示形体的正等轴测图。

分析： 画组合体的轴测图，首先应对组合体的构成进行分析，明确它的形状。从较大的形体入手，根据各部分之间的关系，逐步画出。如图 10-9 所示的形体可以看成若干基本体叠加，叠加法也称为组合法。

作图步骤：

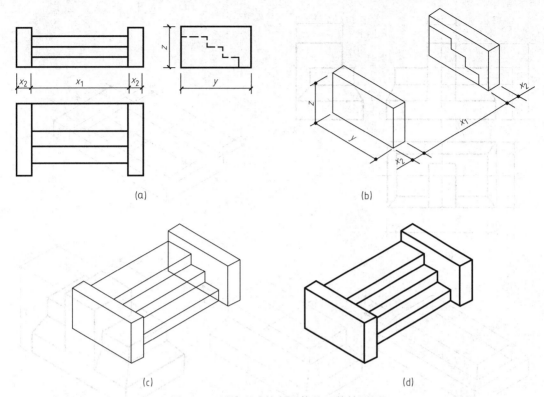

图 10-7 用端面法绘制形体的正等轴测图

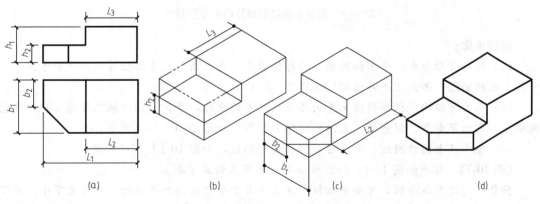

图 10-8 用切割法绘制形体的正等轴测图

（1）从形体左前角开始，画出底板及四棱台上底面，如图 10-9（b）所示。

（2）画全四棱台，如图 10-9（c）所示。

（3）画四棱柱，如图 10-9（d）所示。

（4）画中间四棱柱，整理成图，如图 10-9（e）所示。

【例 10-6】 用方箱法绘制如图 10-10（a）所示坡屋面建筑形体的正等轴测图。

分析：该形体由两个部分组成，下半部可视为长方体切去了一个小长方体，上半部是各屋檐等高的四坡顶同坡屋面，屋面的交线如斜脊线、天沟线等处于一般位置。对于这类形体可采用方箱法作图。

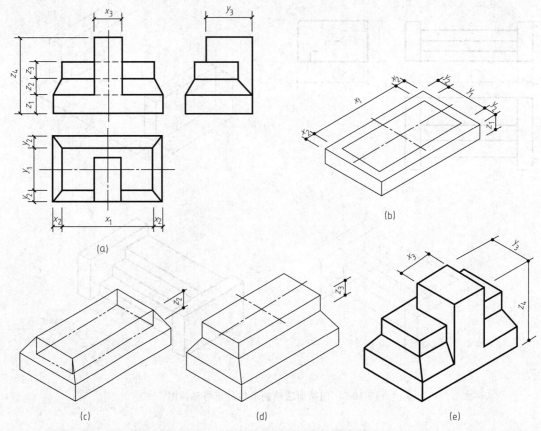

图 10-9　用叠加法绘制形体的正等轴测图

作图步骤：

（1）选定坐标原点，画出轴测轴，按形体的长、宽、高总尺寸画出其外形（长方体，即方箱）的轴测图；画出下半部结构，如图 10-10（b）所示。

（2）画上部结构：根据题图上屋面各交线端点的坐标，量出它们的轴测投影坐标，连接两端点，画出屋脊线、斜脊线、天沟线的轴测投影，如图 10-10（c）所示。

（3）擦去多余的作图线，加深可见部分的轮廓线，如图 10-10（d）所示。

【例 10-7】　作出如图 10-11（a）所示梁板柱节点的正等测。

分析：通过形体分析，可知梁板柱节点是由若干个棱柱叠加而成的，并上大下小，为了能表示出下部构造，投影方向应为仰视方向，并结合叠加法作出其轴测图。宜选择楼板的下底面作为 XOY 面，楼板中心点为坐标原点 O。

作图步骤：

（1）在投影图上定出坐标轴和原点。取楼板中心点为原点 O，如图 10-11（a）所示。

（2）画轴测轴，按楼板的长、宽、高作出其轴测投影，如图 10-11（b）所示。

（3）按尺寸作出柱的轴测投影，如图 10-11（c）所示。

（4）按尺寸作出各主次梁的轴测投影，如图 10-11（d）所示。

（5）最后擦去多余的作图线并描深，完成梁板柱节点的正等测，如图 10-11（e）所示。

2. 平面立体正二测的画法

【例 10-8】　作出图 10-12（a）所示截头三棱锥的正二等轴测图。

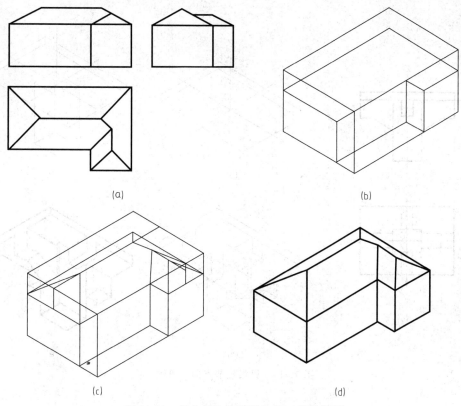

图 10-10　用方箱法绘制形体的正等轴测图

分析：根据截头三棱锥的形状特点，宜选择其底面作为 XOY 面，顶点 C 为坐标原点 O，采用坐标法作出三棱锥及截断面上各顶点的轴测投影，然后连接各顶点，这样作图较为方便。

作图步骤：

（1）在投影图上定出坐标轴和原点。取顶点 C 为原点 O，并标出截断面上各顶点 1、2、3，如图 10-12（a）所示。

（2）画轴测轴，则原点 O_1 就是点 C 的轴测投影 C_1；按尺寸作出 A 点的轴测投影 A_1；按坐标值作出 B 点的轴测投影 B_1，连接各顶点，完成三棱锥底面的轴测投影，如图 10-12（b）所示。

（3）按坐标值作出截断面上各顶点 1、2、3 的轴测投影 1_1、2_1、3_1，连接各顶点，完成三棱锥截断面和各棱线的轴测投影，如图 10-12（c）所示。

（4）最后擦去多余的作图线并描深，完成截头三棱锥的正二测，如图 10-12（d）所示。

三、圆的正等测和正二测

1. 圆的正轴测投影的性质

在一般情况下，圆的轴测投影为椭圆。根据理论分析（证明从略）坐标面（或其平行面）上圆的轴测投影（椭圆）的长轴方向与该坐标面垂直的轴测轴垂直；短轴方向与该轴测轴平行，如图 10-13 所示。

在正等轴测图中，椭圆的长轴为圆的直径 d，短轴为 $0.58d$。如按简化变形系数作图，

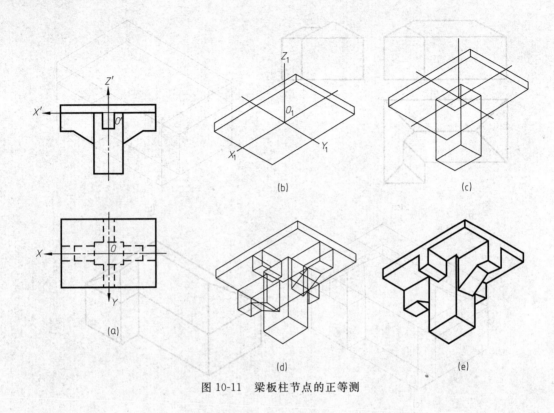

图 10-11　梁板柱节点的正等测

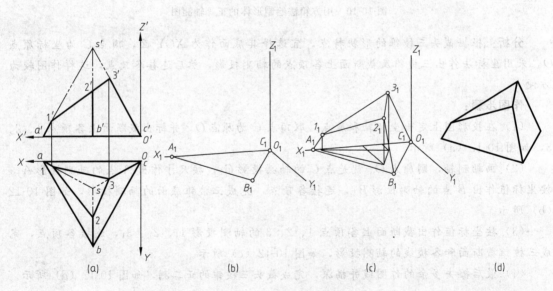

图 10-12　截头三棱锥的正二测

其长、短轴长度均放大 1.22 倍即，长轴长度等于 $1.22d$，短轴长度等于 $0.7d$，如图 10-13（a）所示。在正二等轴测图中，椭圆的长轴为圆的直径 d，在 $X_1O_1Y_1$ 及 $Y_1O_1Z_1$ 坐标面上短轴为 $0.33d$，在 $X_1O_1Z_1$ 坐标面上短轴为 $0.88d$。如按简化变形系数作图，其长、短轴长度均放大 1.06 倍，即长轴长度等于 $1.06d$，在 $X_1O_1Y_1$ 及 $Y_1O_1Z_1$ 坐标面上短轴长度等于 $0.35d$，在 $X_1O_1Z_1$ 坐标面上短轴长度等于 $0.94d$，如图 10-13（b）所示。

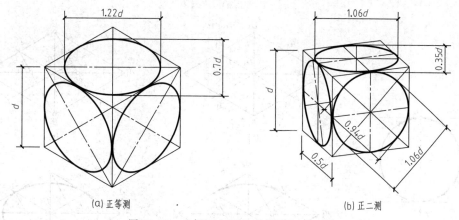

（a）正等测　　　　　　　　　　（b）正二测

图 10-13　坐标面上圆的正等测和正二测

2. 圆的正轴测投影（椭圆）的画法

（1）一般画法——弦线法　对于处在一般位置平面或坐标面（或其平行面）上的圆，都可以用弦线法作出圆上一系列点的轴测投影，然后光滑地连接起来，即得到圆的轴测投影。如图 10-14（a）所示为一水平面上的圆，其正轴测投影的作图步骤如下。

a. 首先画出 X_1、Y_1 轴，并在其上按直径大小直接定出 1_1、2_1、3_1、4_1 点，如图 10-14（b）所示。

b. 过 OY 轴上的 A、B 等点作一系列平行 OX 轴的平行弦，如图 10-14（a）所示，然后按坐标值相应地作出这些平行弦长的轴测投影，即求得椭圆上的 5_1、6_1、7_1、8_1 等点，如图 10-14（b）所示。

c. 光滑地连接 1_1、2_1、3_1、4_1、5_1、6_1、7_1、8_1 等各点，即为该圆的轴测投影（椭圆）。

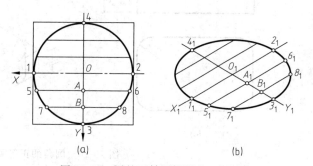

（a）　　　　　　　　（b）

图 10-14　圆的正轴测投影的一般画法

（2）近似画法——四心圆法　为了简化作图，通常采用椭圆的近似画法——四心圆法。如图 10-15 所示，表示直径为 d 的圆在正等测中 $X_1O_1Y_1$ 面上椭圆的画法；$X_1O_1Z_1$ 和 $Y_1O_1Z_1$ 面上椭圆，仅长、短轴的方向不同，其画法与在 $X_1O_1Y_1$ 面上的椭圆画法相同。

a. 做圆的外切正方形 $ABCD$ 与圆相切于 1、2、3、4 四个切点，如图 10-15（a）所示。

b. 画轴测轴，按直径 d 作出四个切点的轴测投影 1_1、2_1、3_1、4_1，并过其分别作 X_1 轴与 Y_1 轴的平行线。所形成的菱形的对角线即为长、短轴的位置，如图 10-15（b）所示。

c. 连接 $D_1 1_1$ 和 $B_1 2_1$，并与菱形对角线 A_1C_1 分别交于 E_1、F_1 两点，则 B_1、D_1、E_1、F_1 为该四个圆心，如图 10-15（c）所示。

d. 分别以 B_1、D_1 为圆心，以 $B_1 2_1$、$D_1 1_1$ 为半径作圆弧，如图 10-15（d）所示。

e. 再分别以 E_1、F_1 为圆心，以 $E_1 1_1$、$F_1 2_1$ 为半径作圆弧，即得到近似椭圆，如图 10-15（e）所示。

上述四心圆法可以演变为切点垂线法，用这种方法画圆弧的正等测更为简单。

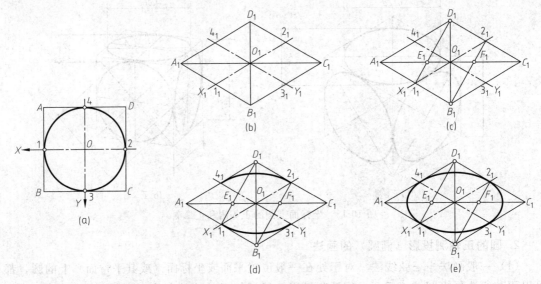

图 10-15　圆的正等测的近似画法

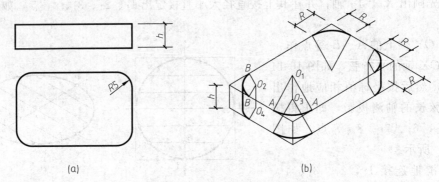

图 10-16　圆角的正等测画法

如图 10-16（a）所示中的圆角部分，作图时用切点垂线法，如图 10-16（b）所示，其步骤如下。

a. 在角上分别沿轴向取一段长度等于半径 R 的线段，得 A、A 和 B、B 点，过 A、B 点作相应边的垂线分别交于 O_1 及 O_2 点。

b. 以 O_1 及 O_2 为圆心，以 O_1A 及 O_2B 为半径作弧，即为顶面上圆角的轴测图。

c. 分别将 O_1 和 O_2 点垂直下移，取 O_3、O_4 点，使 $O_1O_3 = O_2O_4 = h$（物体厚度）。以 O_3 及 O_4 为圆心，作底面上圆角的轴测投影，再作上、下圆弧的公切线，即完成作图。

如图 10-17 所示，表示在 XOZ 面上直径为 d 的圆在正二测中椭圆的画法。

a. 画轴测轴，按直径 d 作出四个切点的轴测投影 A_1、B_1、C_1、D_1，并过其分别作 X_1 轴与 Z_1 轴的平行线，如图 10-17（a）所示。

b. 所形成的菱形的对角线即为长、短轴的位置，如图 10-17（b）所示。

c. 过点 A_1、C_1 作水平线，交对角线于 1、2、3、4 点。以 1、3 为圆心，以 $1A_1$ 或

$3C_1$ 为半径作两个圆弧，如图 10-17（c）所示。

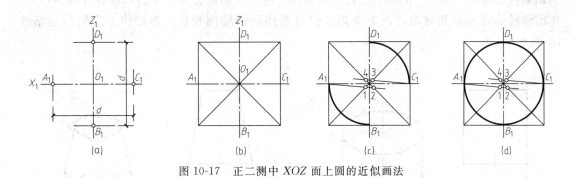

图 10-17　正二测中 XOZ 面上圆的近似画法

d. 以 2、4 为圆心，以 $2A_1$ 或 $4C_1$ 为半径作两个圆弧，即得到近似椭圆，如图 10-17（d）所示。

如图 10-18 所示，表示在 XOY 面上直径为 d 的圆在正二测中椭圆的画法。$Y_1O_1Z_1$ 面上的椭圆，仅长、短轴的方向不同，其他画法与在 $X_1O_1Y_1$ 面上的椭圆画法相同。

a. 画轴测轴，在 X_1 轴上按直径 d 量取点 A_1、C_1，在 Y_1 轴上按 $0.5d$ 量取点 B_1、D_1，并过其分别作 X_1 轴与 Y_1 轴的平行线，如图 10-18（a）所示。

b. 过 O_1 点作水平线，即为长轴的位置；再作铅垂线，即为短轴的位置，如图 10-18（b）所示。

c. 取 $O_11=O_13=d$，分别以 1、3 为圆心，以 $3A_1$ 或 $1C_1$ 为半径作两个大圆弧；连接 $3A_1$ 和 $1C_1$ 与长轴交于 2、4 两点，如图 10-18（c）所示。

d. 分别以 2、4 为圆心，以 $2A_1$ 或 $4C_1$ 为半径作两个小圆弧与大圆弧相切，即得到近似椭圆，如图 10-18（d）所示。

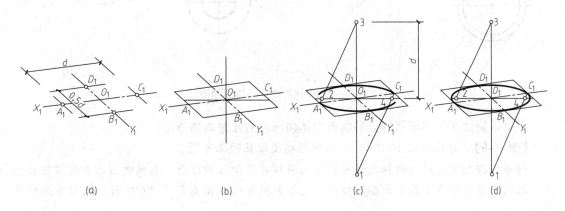

图 10-18　正二测中 XOY 面上圆的近似画法

四、曲面立体的正等测画法

掌握了圆的正轴测投影画法后，就不难画出回转曲面立体的正轴测图，如图 10-19 所示。图 10-19（a）、（b）为圆柱和圆锥台的正等轴测图，作图时分别作出其顶面和底面的椭圆，再作其公切线即可。图 10-19（c）为上端被切平的球，由于按简化变形系数作图，因此取 1.22d（d 为球的实际直径）为直径先作出球的外形轮廓，然后作出切平后截交线（圆）的轴测投影即可。图 10-19（d）为任意回转体，可将其轴线分为若干份，以各分点为中心，作出回转体的一系列纬圆，再对应地作出这些纬圆的轴测投影，然后作出它们的包络线即可。

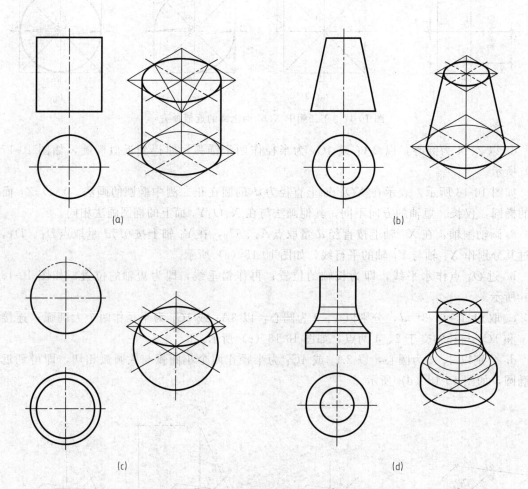

(a)

(b)

(c)

(d)

图 10-19　几种回转曲面立体的轴测图

下面举例说明不同形状特点的曲面立体轴测图的几种具体作法。

【例 10-9】　作出如图 10-20（a）所示两相交圆柱的正等测。

分析：作相交两圆柱的轴测图时，可利用辅助平面法的原理，在轴测图上直接作辅助平面，从而求得相贯线上各点的轴测投影。选择大圆柱的底面圆作为 XOY 面，圆心为坐标原点 O。

作图步骤：

（1）在投影图上定出坐标轴和原点。取大圆柱的底面圆心为原点 O，如图 10-20（a）所示。

（2）画轴测轴，作出两圆柱的轴测投影，如图 10-20（b）所示。

（3）用辅助平面法作出相贯线上各点的轴测投影，如图 10-20（c）所示。

（4）依次光滑连接各点，即得到相贯线的轴测投影，如图 10-20（d）所示。

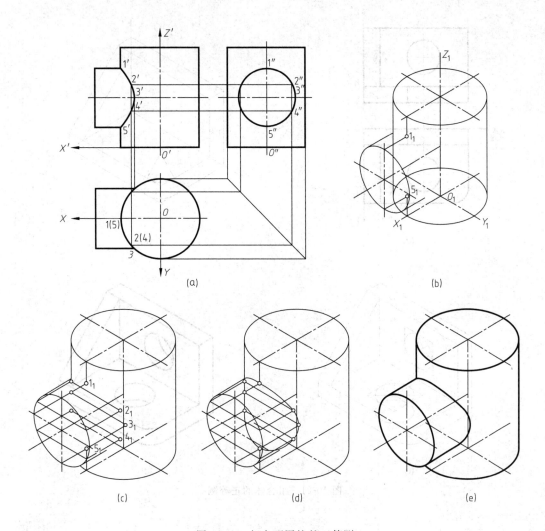

图 10-20　相交两圆柱的正等测

（5）最后擦去多余的作图线并描深，完成相交两圆柱的正等测，如图 10-20（e）所示。

【例 10-10】　作出如图 10-21（a）所示组合体的正等测。

分析：通过形体分析，可知组合体是由底板、竖板和三角形肋板三部分叠加而成的。底板前端一侧为四分之一圆角，且底板中间有一个圆柱孔；竖板底面与底板等长，上面开有圆柱孔。画这类组合体的轴测投影时，宜采用叠加法，将其分解为多个基本体，按其相对位置逐一画出它们的轴测图，最后得组合体轴测图。

作图步骤：

（1）在投影图上定出坐标轴和原点。取底板上表面右后点为原点 O，如图 10-21（a）所示。

（2）画轴测轴，按底板、竖板和三角形肋板的尺寸作出其轴测投影，用切点垂线法画出底板上四分之一圆角的轴测投影，如图 10-21（b）所示。

（3）按近似画法作出底板和竖板上圆的轴测投影，如图 10-21（c）所示。

（4）最后擦去多余的作图线并描深，完成组合体的正等测，如图 10-21（d）所示。

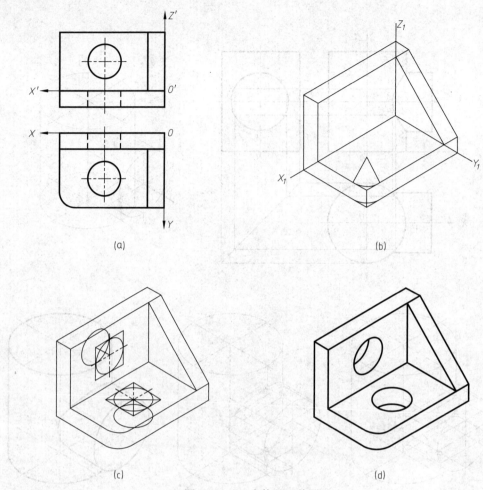

图 10-21　组合体的正等测

第三节　斜轴测投影

工程上常用的斜轴测投影是斜二测，它画法简单，立体感好。本节主要讨论斜二测的画法。

一、斜二测的轴间角和轴向变形系数

1. 正面斜二测

从图 10-22（a）可看出，在斜轴测投影中通常将物体放正，即使物体上某一坐标面平行于轴测投影面 P，投射方向 S 倾斜于 P 面，因而该坐标面或其平行面上的任何图形在 P 面上的投影总是反映实形。若将正立投影面 V 作为轴测投影面 P，使物体 XOZ 坐标面平行于 P 面放正，此时得到的投影就称为正面斜轴测投影，常用的一种是正面斜二等轴测投影，简称正面斜二测。因为 XOZ 坐标面平行于投影面 P，所以轴间角 $\angle X_1O_1Z_1=90°$，X 轴和 Z 轴的轴向变形系数 $p=r=1$。轴测轴 O_1Y_1 的方向和轴向变形系数与投射方向 S 有关，为了作图方便，取轴间角 $\angle X_1 O_1 Y_1 = \angle Y_1 O_1 Z_1 = 135°$，$q = 0.5$。作图时，一般使 $O_1 Z_1$ 轴处于铅垂位置，则 $O_1 X_1$ 轴为水平线，$O_1 Y_1$ 轴与水平线成 $45°$，可利用 $45°$ 三角板方便地作出，如图 10-22（b）所示。

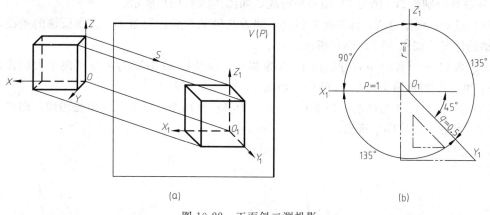

图 10-22 正面斜二测投影

2. 水平斜二测

将水平投影面 H 作为轴测投影面 P，使物体 XOY 坐标面平行于 P 面，此时得到的投影就称为水平斜轴测投影，如图 10-23（a）所示。常用的一种是水平斜二等轴测投影，简称水平斜二测。因为 XOY 坐标面平行于投影面 P，所以轴间角 $\angle X_1 O_1 Y_1 = 90°$，X 轴和 Y 轴的轴向变形系数 $p = q = 1$。为了作图方便，取轴间角 $\angle X_1 O_1 Z_1 = 120°$，$\angle Y_1 O_1 Z_1 = 150°$，$r = 0.5$。作图时，习惯上使 $O_1 Z_1$ 轴处于铅垂位置，则 $O_1 X_1$ 轴与水平线成 $30°$，而 $O_1 X_1$ 轴和 $O_1 Y_1$ 轴成 $90°$，可利用 $30°$ 三角板方便地作出，如图 10-23（b）所示。

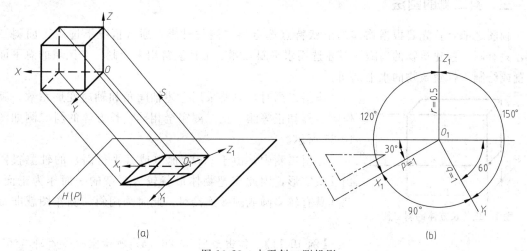

图 10-23 水平斜二测投影

二、圆的斜二测

由于 XOZ 面（或其平行面）的轴测投影反映实形，因此 XOZ 面上的圆的轴测投影仍为圆，其直径与实际的圆相同。在 XOY、YOZ 面（或其平行面）上的圆的轴测投影为椭圆，这些椭圆可采用前面介绍过的一般画法作出，也可采用近似画法。图 10-24 表示在

XOY 面上直径为 d 的圆在斜二测中椭圆的近似画法，$Y_1O_1Z_1$ 面上的椭圆，仅长、短轴的方向不同，其他画法与之相同。

（1）画轴测轴，在 X_1 轴上按直径 d 量取点 A_1、C_1，在 Y_1 轴上按 $0.5d$ 量取点 B_1、D_1，并过其分别作 X_1 轴与 Y_1 轴的平行线，如图 10-24（a）所示。

（2）过 O_1 点作与 X_1 轴约成 7°斜线，即为长轴的位置；再过 O_1 点作长轴的垂线，即为短轴的位置，如图 10-24（b）所示。

（3）取 $O_11=O_13=d$，分别以 1、3 为圆心，以 $3A_1$ 或 $1C_1$ 为半径作两个大圆弧；连接 $3A_1$ 和 $1C_1$ 与长轴交与 2、4 两点，如图 10-24（c）所示。

（4）分别以 2、4 为圆心，以 $2A_1$ 或 $4C_1$ 为半径作两个小圆弧与大圆弧相切，即得到近似椭圆，如图 10-24（d）所示。

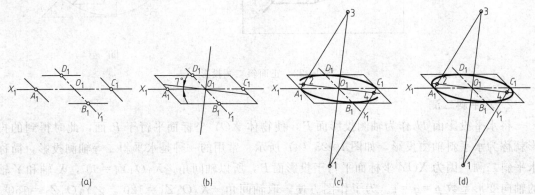

图 10-24 斜二测中 XOY 面上圆的近似画法

三、斜二测的画法

画图之前，首先要根据物体的形状特点选定斜二测的种类，通常情况下选用正面斜二测，只有画一些建筑物的鸟瞰图时才选用水平斜二测，工程上常用来绘制一个区域的总平面布置或绘制一幢建筑物的水平剖面。

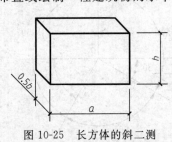

图 10-25 长方体的斜二测

作斜二测时，只要采用上述轴间角和轴向变形系数，其作图步骤和正等测、正二测完全相同，长方体的斜二测如图 10-25 所示。

在斜二测中，由于 XOZ 面（或其平行面）的轴测投影仍反映实形，因此应把物体形状较为复杂的一面作为正面，尤其具有较多圆或圆弧连接时，此时采用斜二测作图就非常方便。

【例 10-11】 作出如图 10-26（a）所示空心砖的斜二测。

分析：因为空心砖的正面形状比较复杂，因此选用正面斜二测作图最为简便。选择空心砖的前表面作为 XOZ 面，前表面右下顶点为坐标原点 O。

作图步骤：

（1）在投影图上定出坐标轴和原点。取前表面右下顶点为原点 O，如图 10-26（a）所示。

（2）画轴测轴，作空心砖前表面的正面斜轴测投影（即为 V 面投影实形），再过其上各

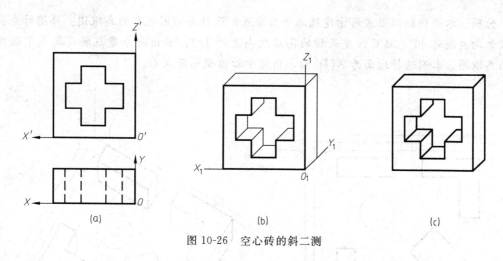

图 10-26 空心砖的斜二测

角点作 O_1Y_1 轴平行线（即形体宽度线，不可见不画），在其上取空心砖厚度的一半，得后表面各顶点的轴测投影，画出空心砖后表面的可见轮廓线，如图 10-26（b）所示。

（3）最后擦去多余的作图线并描深，完成空心砖的正面斜二测，如图 10-26（c）所示。

【例 10-12】 作出如图 10-27（a）所示拱门的斜二测。

分析： 因为拱门的正面有圆，因此选用正面斜二测作图最为简便。拱门是由地台、门身和顶板三部分组成的，宜采用叠加法，按其相对位置逐一画出它们的轴测图，最后得拱门整体的轴测图。选择拱门的前表面作为 XOZ 面，前表面圆心为坐标原点 O。

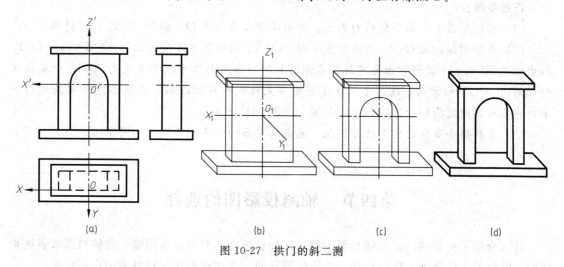

图 10-27 拱门的斜二测

作图步骤：

（1）在投影图上定出坐标轴和原点。取前表面圆心为原点 O，如图 10-27（a）所示。

（2）画轴测轴，作出门身、地台及顶板的斜轴测投影。作图时必须注意各形体的相对位置，如图 10-27（b）所示。

（3）作出门洞的轴测投影，注意画出从门洞中能够看到的后边缘，如图 10-27（c）所示。

（4）最后擦去多余的作图线并描深，完成拱门的正面斜二测，如图 10-27（d）所示。

【例 10-13】 作出如图 10-28（a）所示某区域总平面图的水平斜二测。

分析：水平斜轴测图常用于建筑总平面布置，这种轴测图也称为鸟瞰图。画图时先将水平投影向左旋转30°，然后按建筑物的高度或高度的1/2，画出每个建筑物，就成了该建筑群的鸟瞰图。本例选择地面为 XOY 面，街道中心为坐标原点 O。

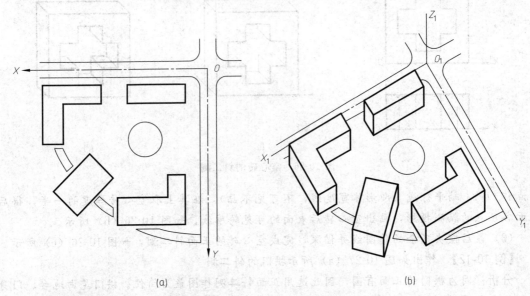

(a)　　　　　　　　　　　　　　　　(b)

图10-28　区域总平面的水平斜二测

作图步骤：

（1）在投影图上定出坐标轴和原点。取街道中心为原点 O，如图10-28（a）所示。

（2）画轴测轴，使 O_1Z_1 轴为竖直方向，O_1X_1 轴与水平方向成30°，O_1X_1 轴与 O_1Y_1 轴成90°。根据水平投影作出各建筑物底面的轴测投影（与水平投影图的形状、大小及位置均相同）。沿 Z_1 轴方向，过各角点作建筑图可见棱线的轴测投影，并取各建筑物高度的一半，再画出各建筑物顶面的轮廓线，如图10-28（b）所示。

（3）最后擦去多余的作图线并描深，完成总平面的水平斜二测，如图10-28（b）所示。

第四节　轴测投影图的选择

前面介绍了正等测、正二测和斜二测这三种轴测图。在考虑选用哪一种轴测图来表达物体时，既要使立体感强，度量性好，又要作图简便，下面就把这三种轴测图作一比较。

1. 直观性

一般正轴测投影比斜轴测投影立体感好，特别是正二测，比较符合人们观察物体所看到的真实效果，因此采用正二测作图时立体感更强。

2. 度量性

正等测在三个轴测轴方向都能直接度量，而正二测和斜二测只能在两个轴测轴方向上直接度量，在另一个方向必须经过换算。

3. 操作性

当物体在一个坐标面及其平行面上有较多的圆或圆弧，且在其他平面上图形较简单时，采用斜二测作图最容易。而对于在三个坐标面及其平行面上均有圆或圆弧的物体，采用正等测较为方便，正二测则最为繁琐。

究竟如何选用，还应考虑物体的具体结构而定。如图 10-29 所示的三种轴测图，由于物体上开有圆柱孔，如采用正等测，圆柱孔大部分被遮挡住不能表达清楚，而正二测和斜二测没有上述缺点，直观性较好。另考虑该物体基本上是平面立体，采用正二测并不会使作图过程过于复杂，因此采用正二测来表达是比较适合的。

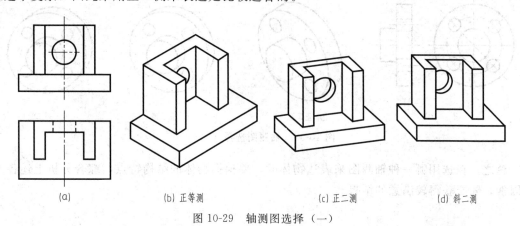

(a)　　　　　(b) 正等测　　　　　(c) 正二测　　　　　(d) 斜二测

图 10-29　轴测图选择（一）

另如图 10-30 所示的三种轴测图，若采用正等测，则物体上很多平面的轴测投影都积聚成直线，就削弱了立体感，直观性很差。而正二测和斜二测就避免了这一缺点，且正二测最自然，因此采用正二测来表达是比较适合的。

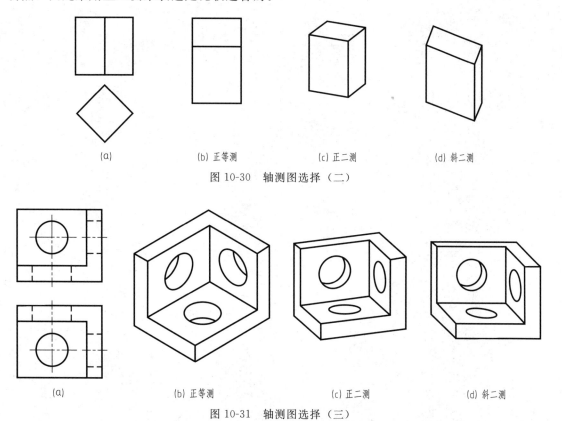

(a)　　　　　(b) 正等测　　　　　(c) 正二测　　　　　(d) 斜二测

图 10-30　轴测图选择（二）

(a)　　　　　(b) 正等测　　　　　(c) 正二测　　　　　(d) 斜二测

图 10-31　轴测图选择（三）

又如图 10-31 所示的三种轴测图，由于物体在三个与坐标面平行的平面上都有圆，采用正等测来表达最自然，且正等测在不同坐标面上圆的轴测画法是相同的，所以作图也较简便。因此选用正等测表达较为合适。

再如图 10-32 所示的三种轴测图，从直观性看，三种轴测图的差别不大。但物体的正面形状较复杂，用斜二测作图最简便，故选用斜二测表达更为合适。

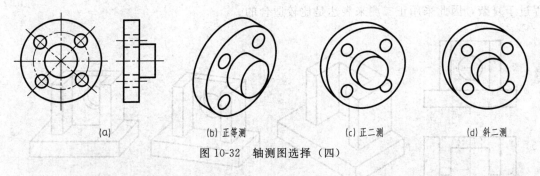

|(a)|(b) 正等测|(c) 正二测|(d) 斜二测|

图 10-32　轴测图选择（四）

总之，在选用哪一种轴测图来表达物体时，要根据物体的结构特点，综合分析上述各方面因素，才能获得较满意的结果。

第十一章 组合形体与构型设计

第一节 组合形体的组成与分析

一、组合体的三视图

1. 三视图的形成

在绘制工程图样时，将物体向投影面作正投影所得到的图形称为视图。在三面投影体系中可得到物体的三个视图，其正面投影称为主视图，水平投影称为俯视图，侧面投影称为左视图，如图 11-1 所示。

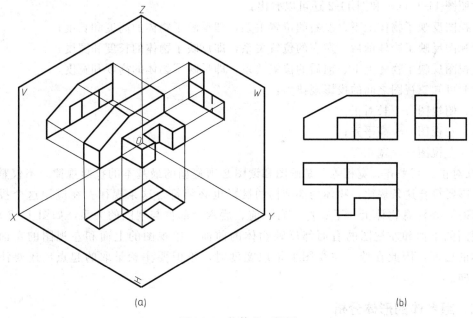

(a)   (b)

图 11-1　物体的三视图

在工程图上，视图主要用来表达物体的形状，不需要表达物体与投影面间的距离。因此在绘制视图时就没有必要画出投影轴。为了使图形清晰可见，也不必画出投影间的连线，如图 11-1（b）所示。通常视图间的距离可根据图纸幅面、尺寸标注等因素来确定。

2. 三视图的位置关系和投影规律

在绘制三视图时虽然不需要画出投影轴和投影间的连线，但三视图间仍应保持各投影之间的位置关系和投影规律。如图 11-2 所示，三视图的位置关系为：俯视图在主视图的下方；

左视图在主视图的右方。按照这种位置配置视图时，国家标准规定一律不标注视图名称。

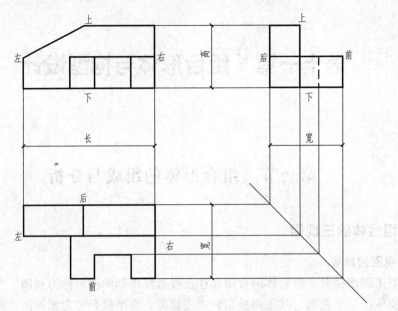

图 11-2　三视图的位置关系和投影规律

对照图 11-1（a）和图 11-2 还可以看出：

主视图反映了物体上下、左右的位置关系，即反映了物体的高度和长度；

俯视图反映了物体前后、左右的位置关系，即反映了物体的长度和宽度；

左视图反映了物体上下、前后的位置关系，即反映了物体的高度和宽度。

由此可知三视图之间的投影规律为：

主、俯视图——长对正；

主、左视图——高平齐；

俯、左视图——宽相等。

"长对正、高平齐、宽相等"是画图和读图必须遵循的最基本的投影规律。不仅整个物体的投影要符合这条规律，物体局部结构的投影也必须符合这条规律。在应用这个投影规律作图时，要注意物体上、下、左、右、前、后六个部位与视图的关系，如图 11-2 所示。如俯视图的下面和左视图的右面都反映物体的前面，俯视图的上面和左视图的左面都反映物体的后面，因此在俯、左视图上量取宽度时，不但要注意量取的起点，还要注意量取的方向。

二、组合体的形体分析

多数物体都可以看作是由一些基本形体经过叠加、切割、穿孔等方式组合而成的组合体。这些基本形体可以是一个完整的几何体（如棱柱、棱锥、圆柱、圆锥、球等），也可以是一个不完整的几何体或是它们的简单组合，如图 11-3 所示。

图 11-4 为一肋式杯形基础，它可以看成由四棱柱底板、中间四棱柱和六个梯形肋板叠加而成，然后再在中间四棱柱中挖去一楔形块。

由此可见，形体分析法就是把物体（组合体）分解成一些简单的基本形体以及确定它们之间组合形式的一种思维方法。在学习画图、读图和尺寸标注时，经常要运用形体分析法，

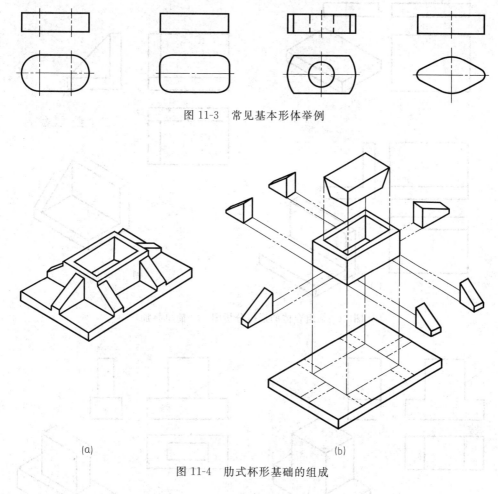

图 11-3　常见基本形体举例

(a)　　　　　　　　　　　　(b)

图 11-4　肋式杯形基础的组成

使复杂问题变得较为简单。下面具体分析各种不同的组合形式以及它们的投影特征。

1. 基本形体的叠加

基本形体的叠加有简单叠加、相切和相交三种情况。

（1）简单叠加　所谓简单叠加是指两基本形体的表面相互结合。图 11-5 为一组合体的形体分析图，该组合体可看成由底部的底板（四棱柱）、后面的竖板（四棱柱）和右面的肋板（三棱柱）简单叠加而成。图 11-5（a）表示底部的四棱柱底板；图 11-5（b）表示底板的后上部有一四棱柱竖板，因为竖板的长度和底板的长度相同，四棱柱底板的左右面和四棱柱竖板的左右面对齐，因此在左视图上两形体的结合处就不存在隔开线；图 11-5（c）表示底部和竖板之间的右侧有一三棱柱肋板。

在此必须注意，当两形体叠加时，形体之间存在两种表面连接关系：对齐与不对齐。两形体的表面对齐时，中间没有线隔开，如图 11-6（a）所示；两形体的表面不对齐时，中间有线隔开，如图 11-6（b）所示。

（2）相切　所谓相切是指两基本形体的表面光滑过渡。当曲面与曲面、曲面与平面相切时，在相切处不存在轮廓线。图 11-7 为一组合体的形体分析图。图 11-7（a）表示该组合体中间的圆柱；图 11-7（b）表示左端的底板；图 11-7（c）表示底板和圆柱相切组合，在主、左视图上相切处不要画轮廓线，且底板上表面的投影要画到切点处为止。

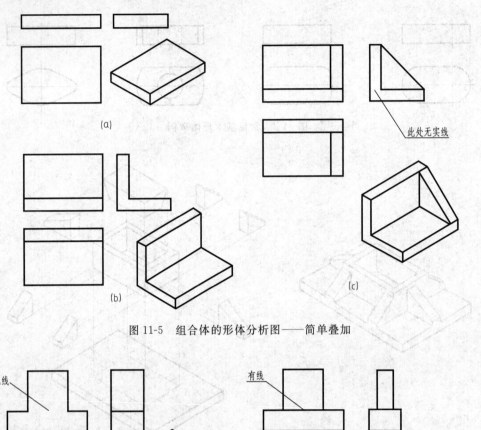

图 11-5　组合体的形体分析图——简单叠加

图 11-6　叠加时形体间的表面连接关系

（3）相交　所谓相交是指两基本形体的表面相交，在相交处会产生各种性质的交线。图 11-8 为一组合体的形体分析图。图 11-8（a）表示该组合体中间的半圆柱；图 11-8（b）表示半圆柱上部与另一小圆柱相交，于是在两圆柱表面产生了交线，在左视图上必须分别画出这些曲面与曲面间交线（相贯线）的投影；图 11-8（c）表示该组合体左右分别与两四棱柱相交，因此其上表面与半圆柱面产生了交线，在俯视图上必须画出这些平面与曲面间交线（相贯线）的投影。

2. 基本形体被切割或穿孔

基本形体被切割或穿孔时，可以有各种不同情况。如一个基本形体被几个平面所切割，也可能有两个以上的基本形体被同一个平面切割或被同一个孔贯穿等。

（1）切割　基本形体被平面切割时，画视图的关键是作出其截交线的投影。图 11-9 为

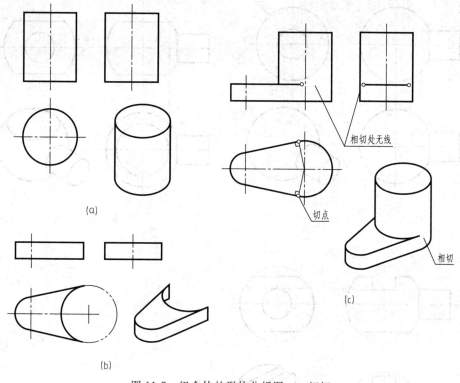

图 11-7　组合体的形体分析图——相切

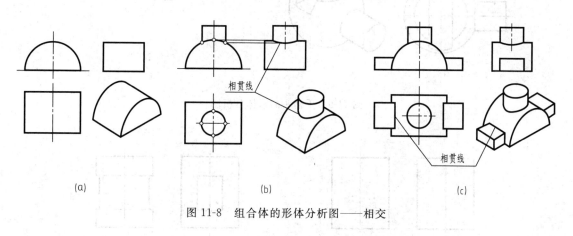

图 11-8　组合体的形体分析图——相交

手柄头的形体分析图。图 11-9（a）表示手柄头是由基本形体圆柱和球共轴相交而成，因而交线为一个圆，它在主、俯视图上的投影为直线；图 11-9（b）表示球的上、下分别被水平面所切割，截交线在俯视图上的投影为圆；图 11-9（c）表示球的上端又开了一个凹槽，槽的底面与球相交，截交线在俯视图上的投影为一圆弧，槽的侧面和球相交，所得截交线在左视图上的投影为一圆弧。

（2）穿孔　基本形体被穿孔时，画视图的关键是作出其交线的投影。图 11-10 为圆柱穿孔后的形体分析图。图 11-10（a）表示完整的基本形体圆柱；图 11-10（b）表示圆柱中穿了一个棱柱孔，孔的侧面和圆柱相交，根据宽相等作出交线在左视图上的投影。孔的上下底面和圆柱相交，交线为一圆弧，左视图上的投影是直线。

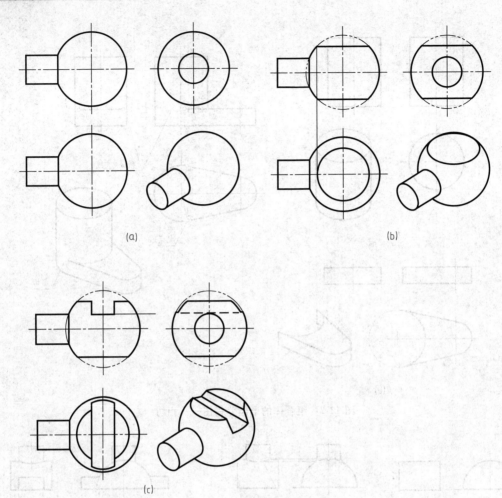

图 11-9　手柄头的形体分析图

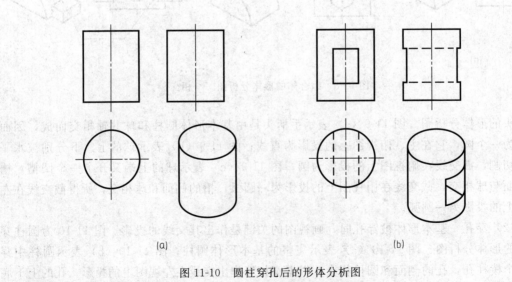

图 11-10　圆柱穿孔后的形体分析图

第二节　组合形体视图的读图

一、读图时构思物体空间形状的方法

读图和画图是学习本课程的两个重要环节。画图是把空间物体用正投影方法表达在平面上，读图则是运用正投影方法，根据平面图形（视图）想象出空间物体的结构形状的过程。本节举例说明读组合体视图的基本方法，为今后读工程图样打下基础。

1. 把几个视图联系起来进行构思

通常一个视图不能确定较复杂物体的形状，因此在读图时，一般要根据几个视图运用投影规律进行分析、构思，才能想象出空间物体的形状。图 11-11 表明了根据三视图构思出该物体形状的过程。图 11-11（a）为给出的三视图。首先根据主视图，只能够想象出该物体是一个」形物体，如图 11-11（b）所示，但无法确定该物体的宽度，也不能判断主视图内的

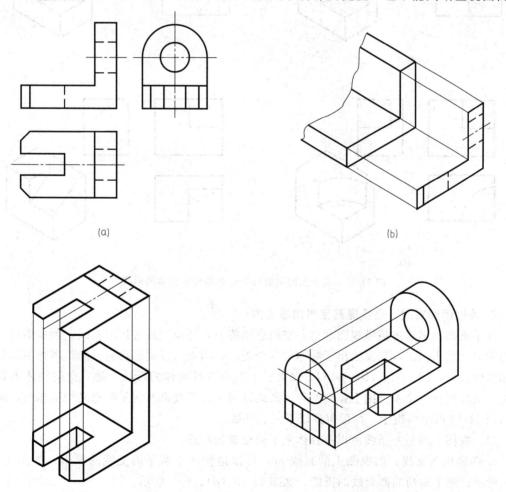

(a)　　　　　　　　　　　　　　　(b)

(c)　　　　　　　　　　　　　　　(d)

图 11-11　根据三视图构思出物体形状的过程

三条虚线和一条实线是表示什么。在上面构思的基础上，进一步观察俯视图并进行想象，如图 11-11（c）所示，即能确定该物体的宽度，以及其左端的形状为前、后各有一个 45°的倒角，中间开了一个长方形槽；但右端直立部分的形状仍无法确定。最后观察左视图并进一步想象，如图 11-11（d）所示，便能确定右端是一个顶部为半圆形的竖板，中间开了一个圆柱孔（在主、俯视图上用虚线表示）。经过这样构思与分析，最终完整地想象出了该物体的形状。

图 11-12（a）～（d）给出了四组视图，它们的主视图均相同，图 11-12（a）、（b）、（c）的左视图也相同，图 11-12（a）和图 11-12（d）的俯视图相同，但它们却是四种不同形状物体的投影。由此可见，读图时必须将几个视图结合起来，互相对照，同时分析，这样才能正确地想象出物体的形状。

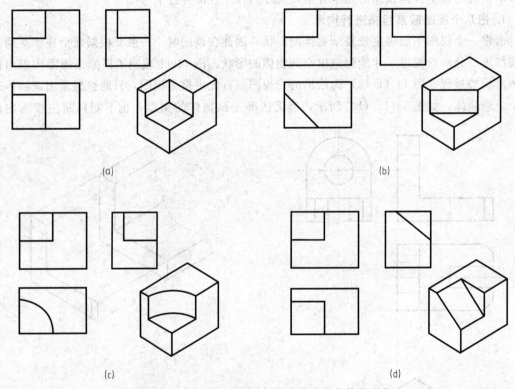

图 11-12　几个视图同时分析后才能确定物体的形状

2. 通过读图实践，逐步提高空间构思能力

为了正确、迅速地读懂视图和培养空间思维能力，还应当通过读图实践，逐步提高空间构思能力。图 11-13（a）仅给出了物体的一个视图，因而可以构思出它可能是多种不同形状的物体的投影，图 11-13（b）～（f）仅表示了其中五种物体的形状。随着空间物体形状的改变，则在同样一个主视图上，它的每一条线及每个封闭线框所表示的意义均不相同。通过分析图 11-13 所示的例子，可以得到以下三点性质。

（1）视图上的每一条线可以是物体上下列要素的投影。

a. 两表面的交线：如视图上的直线 m，可以是物体上两平面交线的投影，如图 11-13（c）所示；或平面与曲面交线的投影，如图 11-13（d）、（e）所示。

b. 垂面的投影：如视图上的直线 m 和 n，可以是物体上相应侧平面 M 和 N 的投影，如图 11-13（b）所示。

c. 曲面的转向轮廓线：如视图上的直线 n，可以是物体上圆柱的转向轮廓线的投影，如图 11-13 (d) 所示。

（2）视图上的每一封闭线框（图线围成的封闭图形），可以是物体上不同位置平面或曲面的投影，也可以是通孔的投影。

a. 平面：如视图上的封闭线框 A，可以是物体上平行面的投影，如图 11-13 (e)、(f) 所示；或斜面的投影，如图 11-13 (b)、(c) 所示。

b. 曲面：如视图上的封闭线框 A，可以是物体上圆柱面的投影，如图 11-13 (d) 所示。

c. 曲面和其切平面：如视图上的封闭线框 D，可以是物体上圆柱面以及和它相切平面的投影，如图 11-13 (e) 所示。

d. 通孔的投影：如图 11-11 (a) 左视图上圆形线框表示圆柱通孔的投影。

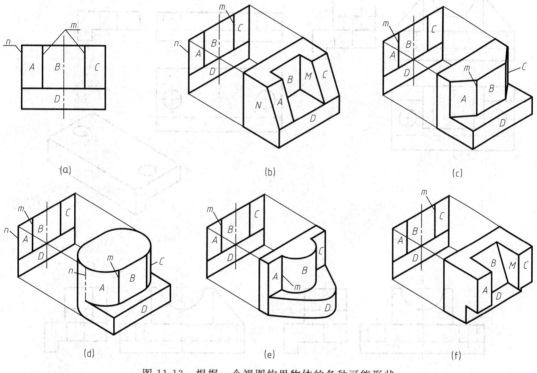

图 11-13　根据一个视图构思物体的各种可能形状

（3）视图上任何相邻的封闭线框，必定是物体上相交的或有前后的两个面（或其中一个是通孔）的投影。

如图 11-13 (c)、(d)、(e) 中，线框 C 和 B 表示为相交的两个面（平面或曲面）的投影；图 11-13 (b)、(f) 中，线框 C 和 B 表示为前后两个面的投影。

上述性质在读图时非常有用，它可以帮助我们提高构思的能力，下面在分析读图的具体方法中还要进一步运用它。

二、读图的基本方法

1. 形体分析法

形体分析法是读图的最基本方法。通常从最能反映物体形状特征的主视图着手，分析物体是由哪些基本形体组成以及它们的组成形式；然后运用投影规律，逐个找出每个形体在其他视图上的投影，从而想象出各个基本形体的形状以及各形体之间的相对位置关系，最后想象出整个物体的形状。

图 11-14（a）所示为一组合体的三视图。从主视图上大致可看出它由四个部分组成，图 11-14 中分别表示组合体四个组成部分的读图分析过程。图 11-14（b）表示其下部底板的投影，它是一个左右两端各有一圆柱孔的倒 L 形棱柱。图 11-14（c）表示底板上部中间有一开有半圆柱孔的长方体，从俯视图上看出它在底板的后部。图 11-14（d）表示在底板上的长方体两侧各有一三角形肋板。这样逐一分析形体，最后就能想象出组合体的整体形状。

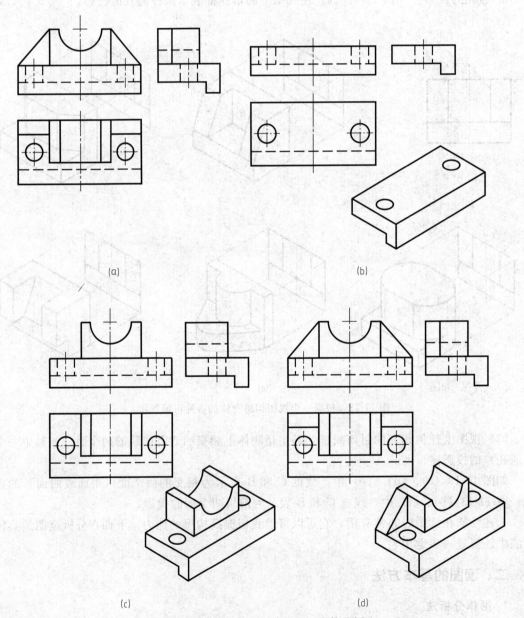

(a)　　　　　　　　　　　(b)

(c)　　　　　　　　　　　(d)

图 11-14　组合体的读图分析——形体分析法

2. 线面分析法

线面分析法是根据面、线的空间性质和投影规律，分析形体的表面或表面间的交线与视图中的线框和图线的对应关系进行读图的方法。读图时，在运用形体分析法的基础上，对局部较难看懂的地方，常常要结合线面分析法来帮助读图。

（1）分析面的相对关系　前面已分析过视图上任何相邻的封闭线框，必定是物体上相交的或有前后的两个面的投影，但这两个面的相对位置究竟如何，必须根据其他视图来分析。现仍以图 11-13（b）、（f）为例，图 11-15 为其分析方法。在图 11-15（a）中，比较面 A、B、C 和面 D，由于在俯视图上都是实线，故只可能是 D 面凸出在前，A、B、C 面凹进在后。再比较 A、C 和 B 面，由于左视图上出现虚线，从主、俯视图来看，只可能 A、C 面在前，B 面在后。又左视图的右面是条斜线，虚线是条垂直线，故 A、C 面是侧垂面，B 面为正平面。弄清楚了面的前后关系，就能想象出该物体的形状。图 11-15（b）中，由于俯视图左右出现虚线，中间为实线，故可断定 A、C 面相对 D 面凸出在前，B 面处在 D 面的后部。又左视图上出现一条斜虚线，可知凹进的 B 面是一侧垂面，正好和 D 面相交。下面举例说明此种方法在读图中的应用。

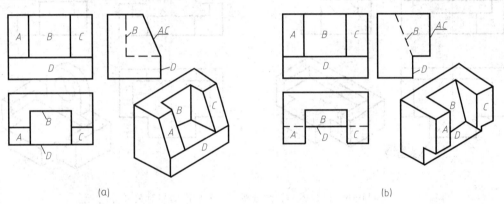

（a）　　　　　　　　　　　　　　　　　（b）

图 11-15　分析面的相对关系

【例 11-1】　图 11-16（a）为组合体的主、俯视图，要求补画出其左视图。

分析：首先运用形体分析方法，根据给出的主、俯视图分析组合体是由三个基本形体叠加组成，并挖去一个圆柱孔；然后运用投影规律，分别找出每个形体在主、俯视图上的投影，从而想象出各个基本形体的形状，结合线面分析法得到各形体之间的相对位置关系，最后想象出整个组合体的形状。

作图步骤：

（1）图 11-16（b）表示组合体下部为一长方体，分析面 A 和面 B，可知 B 面在前，A 面在后，故它是一个凹形长方体。补出长方体的左视图，凹进部分用虚线表示。

（2）图 11-16（c）分析了主视图上的 C 面，可知在长方体前面有一凸块，在左视图上补出该凸块的投影。

（3）图 11-16（d）分析了长方体上面一带孔的竖板，因图上引线所指处没有轮廓线，可知竖板的前面与上述的 A 面是同一平面。补出竖板的左视图，即完成整个组合体的左视图。

（2）分析面的形状　当平面图形与投影面平行时，它的投影反映实形；当倾斜时，它在该投影面上的投影一定是一个类似形。图 11-17 中四个物体上有阴影平面的投影均反映此特

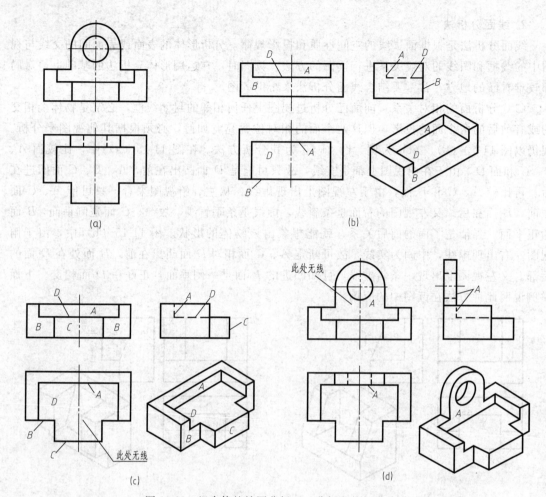

图 11-16　组合体的补图分析——分析面的相对关系

性。图 11-17（a）中有一个 L·形的铅垂面，图 11-17（b）中有一个 ⊥ 形的正垂面，图 11-17（c）中有一个 U 形的侧垂面，其投影除在一个视图上积聚成直线外，其他两视图上均是类似形；图 11-17（d）中有一个梯形的一般位置平面，它在三视图上的投影均为梯形。下面举例说明此种方法在读图中的应用。

【例 11-2】　图 11-18（a）为组合体的主、左视图，要求补画出其俯视图。

分析：首先运用形体分析方法，根据给出的主、左视图分析该组合体是一长方体的前、后、左、右被倾斜地切去四块，并在底部挖去一个长方形的通槽而形成的；然后运用投影规律，结合线面分析法想象出组合体各表面之间的相对位置和具体形状，最后想象出整个组合体的形状。

作图步骤：

（1）图 11-18（b）中分析该组合体为一长方体的前、后、左、右被倾斜地切去四块。补俯视图时，除了画出长方形轮廓外，还应画出斜面之间的交线的投影，如正垂面 P 和侧垂面 Q 的交线的投影。这时正垂面 P 是梯形，它的水平投影和侧面投影均为梯形。

（2）图 11-18（c）表示组合体的底部挖去了一个长方形的通槽，这时 P 面的水平投影和侧面投影应为类似形，运用投影规律，作出 P 面的水平投影。图 11-18（d）为最后完成的组合体三视图，通过分析斜面的投影为类似形而想象出组合体的形状。

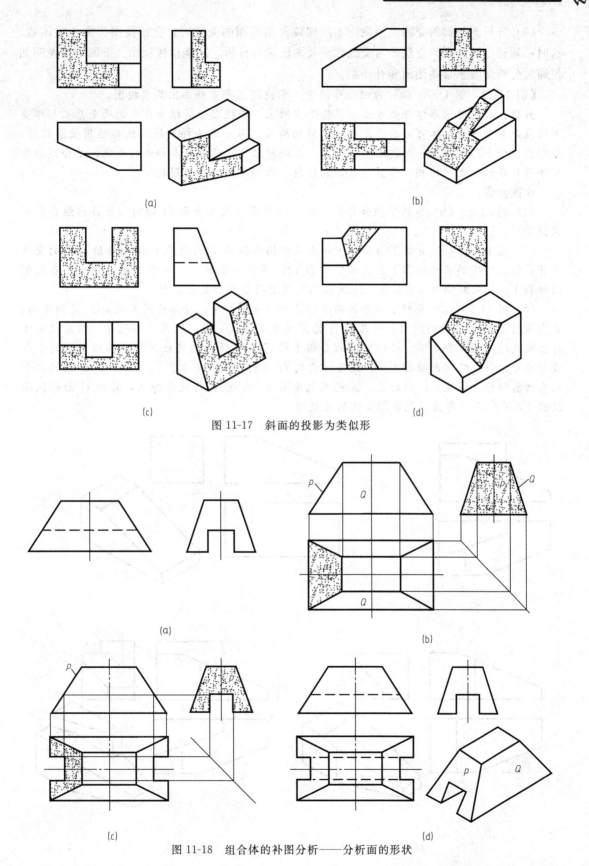

图 11-17 斜面的投影为类似形

图 11-18 组合体的补图分析——分析面的形状

（3）分析面与面的交线　当视图上出现较多面与面的交线时，会给读图带来一定困难，这时必须运用画法几何方法，对交线性质及画法进行分析，才能读懂视图。下面举例说明如何通过分析交线来帮助读图和补图。

【例 11-3】　图 11-19（a）为组合体的主、俯视图，要求补画出其左视图。

分析：首先运用形体分析方法，根据给出的主、俯视图分析组合体是由两个基本形体叠加组成，其中一个形体可以看成是长方体斜切两刀，另一个为梯形块；然后运用投影规律，分别找出两个形体在主、俯视图上的投影，从而想象出这两个基本形体的形状，结合线面分析法得到各形体之间的相对位置关系，最后想象出整个组合体的形状。

作图步骤：

（1）图 11-19（b）分析了组合体的下部为一长方体被正垂面 D 切割，并补出组合体的左视图。

（2）图 11-19（c）分析了组合体下部左端被铅垂面 A 切割而产生面 A 与 D 之间的交线 Ⅰ Ⅱ，标出交线的正面投影 $1'2'$ 和水平投影 12，运用投影规律，在左视图上作出交线的侧面投影 $1''2''$。此处特别注意，A、D 面在三视图上的投影应为类似形。

（3）图 11-19（d）分析了组合体的上部凸出一个梯形块，梯形块的左端面 E 是侧平面。在左视图上画出 E 面的投影，它与面 D 的交线为正垂线 Ⅴ Ⅵ，运用投影规律，在左视图上作出交线的侧面投影 $5''6''$。梯形块前面是铅垂面 C，与 D 面的交线 Ⅳ Ⅴ，根据交线的已知投影就可以作出其侧面投影 $4''5''$。必须注意到 D 面的侧面投影 $1''2''3''4''5''6''7''$ 和 D 面的水平投影为类似形。同理，C 面的主、左视图也为类似形，根据此投影特性，作出 C 面的侧面投影 $4''5''8''9''10''$，即最后完成组合体的左视图。

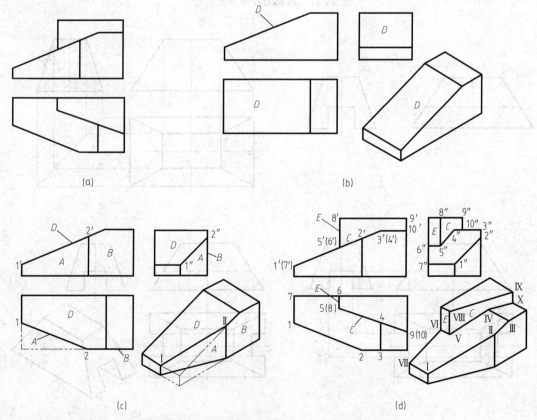

图 11-19　组合体的补图分析——分析面与面的交线

三、读图步骤的小节

归纳以上的读图实例，可总结出读图的具体步骤如下。

1. 分线框，对投影，初步了解

根据组合体的已知视图，初步了解它的大概形状，并按形体分析法分析它由哪几个基本形体组成，如何组成。一般从较多地反映物体形状特征的主视图着手。

2. 逐个分析，识形体，定位置

采用形体分析法和线面分析法，对组合体各组成部分的形状和线面逐个进行分析，想象出各形体的形状，并确定它们的相对位置以及相互间的关系。

3. 综合起来想整体

通过各种分析了解组合体的各部分形状后，确定了它们的相对位置以及相互间的关系，完整的组合体的形状就清楚了，从而想象出了组合体的整体形状。

【例 11-4】 图 11-20（a）为组合体的主、左视图，要求补画出其俯视图。

分析：首先运用形体分析方法，根据给出的主、左视图分析组合体是由上下两部分形体叠加组合而成。下部是一个四棱柱，其中下部又挖去一个小四棱柱；上部是一个七棱柱，其前后端面被两个侧垂面各切去一部分，如图 11-20（b）所示。然后运用投影规律，结合线面分析法想象出组合体各表面之间的相对位置和具体形状，最后想象出整个组合体的形状。

作图步骤：

（1）分线框，对投影，初步了解。

如图 11-20（a）所示，组合体主视图有两个封闭线框，对照投影关系，左视图也有两个封闭线框与之相对应，可初步判断该组合体由两个基本形体组成。下部是一个四棱柱，其中下部又挖去一个小四棱柱；上部是一个七棱柱，其前后端面被两个侧垂面各切去一部分，如图 11-20（b）所示。

（2）逐个分析，识形体，定位置。

a. 根据步骤（1）的分析，作出下部形体的俯视图。如图 11-20（c）所示。

b. 根据步骤（1）的分析，已可以想象出上部形体的空间形状，但为了准确无误地画出其俯视图，还必须结合线面分析。该部分形体共由九个平面围成，分别是三个矩形水平面，两个梯形正垂面，两个七边形侧垂面和两个梯形侧平面。逐个作出各个平面的水平投影，如图 11-20（d）、（e）、（f）所示，作图时要注意四个垂面投影的类似性，最后作出上部形体的俯视图，如图 11-20（g）所示。

（3）综合起来想整体。

将两部分形体按相对位置叠加组合起来，想象出整个组合体的空间形状，并作出其完整的俯视图，如图 11-20（h）所示。

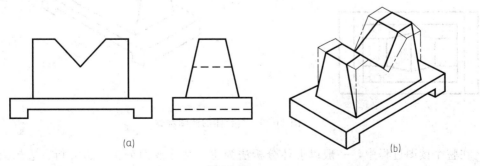

(a)   (b)

图 11-20

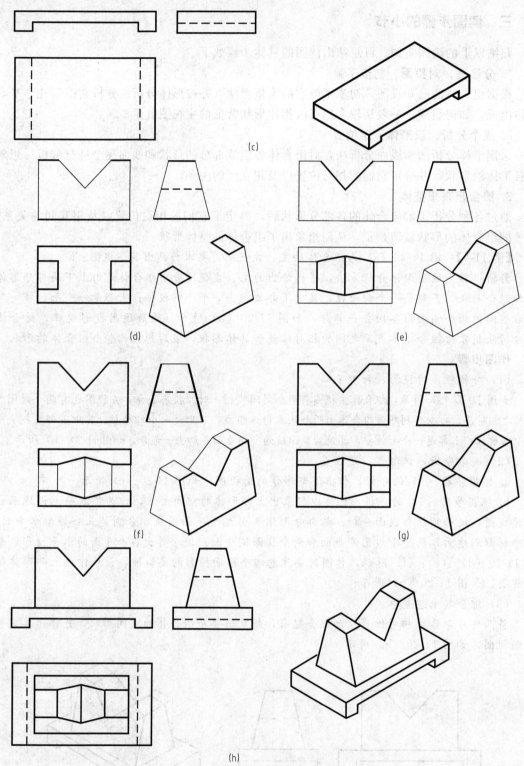

图 11-20　组合体的读图步骤

在整个读图过程中，一般以形体分析法为主，结合线面分析，边分析、边想象、边作图，这样可以更快、更有效地读懂视图。

第三节　组合形体的构型设计

组合体可以看成是实际物体（机件、建筑等）经过抽象和简化后的形体。组合体的构型设计是将基本形体按照一定的构型方法组合成一个新的几何形体，并用适当的图示方法表达出来。在组合过程中，一般会淡化设计和工艺等专业性要求，只把形状构建出来。因此，组合体的构型设计是实际设计的基础，通过构型设计可以开发空间思维，提高想象力和创造力。

一、构型设计的基本要求

1. 以基本形体构型为主构造出可以存在的形体

采用平面体、曲面体等基本形体构型可以简化作图。基本形体的投影特点及相互关系是构型设计的基础。构造出的形体应该是实际可以存在的形体，因此，两立体之间不应该是点接触，如图 11-21 (a)、(b) 所示；也不应该是线接触，如图 11-21 (c)、(d) 所示。

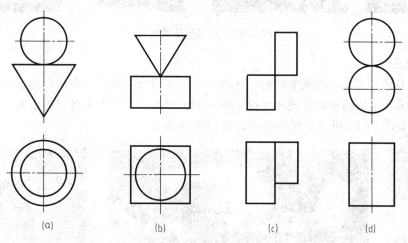

图 11-21　形体之间的点、线连接

2. 在满足设定要求基础上力争新颖、独特、美观

构造的形体应该满足一定的条件。因此，构型设计开始要了解题意和要求，在特定的条件下构思设计。构思出的组合体尽可能多样，富于变化，构型设计的组合体还要力求和谐、

图 11-22　各类建筑造型

美观，给观赏者美感。形体要遵循一定的美学定律，具有和谐的比例关系。比如，对称形体就给人以平衡和稳定的感觉，如图 11-22 (a) 所示，非对成形体应注意形体大小和位置变化，以求视觉上的平衡，如图 11-22 (b) 所示，在以平面体为主的构型中，局部设计成曲面，其造型更富于变化，如图 11-22 (c) 所示。

二、构型的基本方法

1. 叠加法

叠加法是构型的主要形式。单一形体可以采用重复、变位、渐变、相似等组合方式构建新的形体。如图 11-23 所示为叠加法在建筑构型中的应用。

图 11-23　叠加法建筑构型

2. 切割法

切割有多种方式，可以是单纯的平面体、曲面体切割，也可以在平面体、曲面体变形基础上切割。采用不同的切割方式和变换不同切割位置都会产生形态各异的造型，给人更加丰富的美感。如图 11-24 所示为切割法在建筑构型中应用。

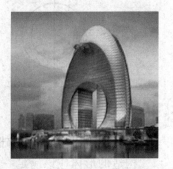

图 11-24　切割法建筑构型

图 11-25　变换法建筑构型

3. 变换法

类似于叠加法，是通过改变构形参量以形成一系列相似形体。构形参量一般包括尺寸、

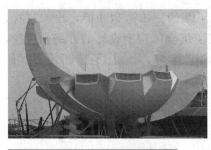

图 11-26 各类建筑构型

形状、数量、位置、次序、排列等。相似变换可以产生创造性构想，拓宽构思，是一种重要的构思方法。如图 11-25 所示为变换法在建筑构型中的应用。

4. 其他法

组合体的构型多种多样，CAD 技术的发展不断推出了新的三维造型功能，比如放样、扫掠、抽壳、圆角、倒角等。运用这些方法，一方面拓展了组合体构型设计的方式和途径，另一方面也开拓了人们的思维。后续的课程中还有相关知识的学习，如图 11-26 所示为其他各类建筑构型。

第十二章 标高投影

建筑物是建在地面上或地面下的。因此，地面的形状对建筑群的布置、建筑物的施工、各类建筑设施的安装等都有较大的影响。一般来讲，地面形状比较复杂，高低不平，没有一定规律。而且，地面的高度和地面的长度、宽度比较起来一般显得很小。如果用前面介绍的各种图示方法表示地面形状，则难以表达清楚，而标高投影可以解决此问题。标高投影属于单面正投影，标高投影图实际上就是标出高度的水平投影图。因此标高投影具有正投影的一些特性。

第一节 点、直线和平面的标高投影

一、点的标高投影

如图 12-1（a）所示，设水平投影面 H 为基准面，其高度为零，点 A 在 H 面上方 4m，点 B 在 H 面上，点 C 在 H 面下方 3m。若在 A、B、C 三点的水平投影 a、b、c 的右下角标明其高度值 4、0、−3（a_4、b_0、c_{-3}），就可得到 A、B、C 三点的标高投影图，如图 12-1（b）所示。高度数值称为标高或高程，单位为米。高于 H 面的点标高为正值；低于 H 面的点标高为负值，在数字前加"−"号；在 H 面上的点标高值为零。见图中的 a_4、b_0、c_{-3}。图中应画出由一粗一细平行双线所表示的比例尺。

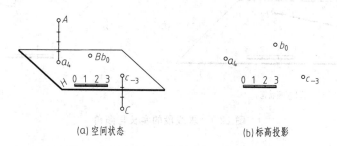

(a) 空间状态　　　　　(b) 标高投影

图 12-1　点的标高投影

由于水平投影给出了 X、Y 坐标，标高给出了 Z 坐标，因而根据一点的标高投影，就可以唯一确定点的空间位置。例如，由 a_4 点作垂直于 H 面的投射线，向上量 4m，即可得到 A 点。

二、直线的标高投影

1. 直线的标高投影表示法

直线的位置是由直线上两点或直线上一点以及该直线的方向确定。因此，直线的标高投影有两种表示法。

（1）直线的水平投影加注直线上两点的标高，如图 12-2（b）所示。一般位置直线 AB、铅垂线 CD 和水平线 EF，它们的标高投影分别为 a_5b_2、c_5d_2 和 e_3f_3。

（2）直线上一个点的标高投影加注直线的坡度和方向，如图 12-2（c）所示，图中箭头指向下坡，3∶4 表示直线的坡度。

(a) 空间状态   (b) 标高投影   (c) 标高投影

图 12-2　直线的标高投影

水平线也可由其水平投影加注一个标高来表示。如图 12-3 所示，由于水平线上各点的标高相等，因而只标出一个标高值，该线称为等高线。

2. 直线的实长、倾角、刻度、平距和坡度

（1）直线的实长、倾角　在标高投影中求直线的实长可采用正投影中的直角三角形法。如图 12-4 所示，以直线标高投影 a_6b_2 为一直角边，以 A、B 两端点的标高差（6－2＝4）为另一直角边，用给定的比例尺作出直角三角形后，斜边即为直线的实长。斜边与标高投影的夹角等于 AB 直线与投影面 H 的夹角 α。

图 12-3　等高线

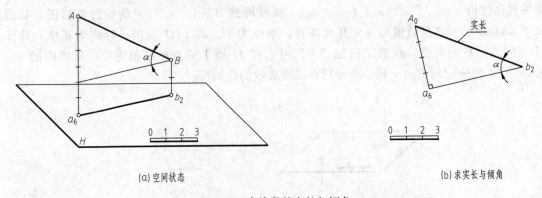

(a) 空间状态   (b) 求实长与倾角

图 12-4　求线段的实长与倾角

（2）直线的刻度　将直线上有整数标高的各点的投影全部标注出来，即为对直线作刻度。如给线段 $a_{2.5}b_6$ 作刻度，如图 12-5 所示。需要在该线段上找到标高为 3、4、5 的三个整数标高点的投影。可在表示实长的三角形上，作出标高为 3、4、5 的直线平行于 $a_{2.5}b_6$，由它们与斜边 $a_{2.5}B_0$ 的交点，向 $a_{2.5}b_6$ 作垂线，垂足即为刻度 3、4、5。

（3）直线的坡度和平距　在标高投影中用直线的坡度和平距表示直线的倾斜程度。

直线上任意两点的高度差 ΔH 与其水平距离 L 之比称为该直线的坡度。也相当于两点间的水平距离为 l 单位长度（m）时的高度差 Δh。坡度符号用 i 表示，即

$$坡度\ i = \Delta H/L = \Delta h/l = \tan\alpha$$

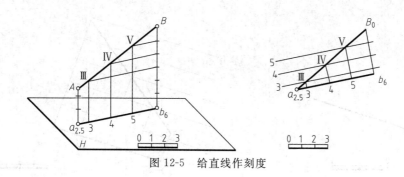

图 12-5　给直线作刻度

如图 12-6 所示，直线 AB 的高度差 $\Delta H = 6 - 3 = 3m$，用比例尺量得其水平距离 $L = 6m$，所以该直线的坡度

$$i = \Delta H / L = 3/6 = 1/2 = 1:2$$

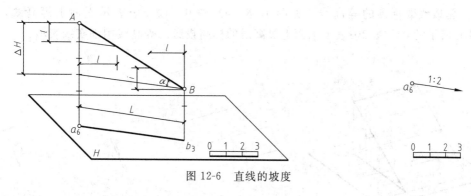

图 12-6　直线的坡度

当两点间的高差为 1 个单位长度（m）时的水平距离称为平距，用符号 I 表示，即

$$平距\ I = L / \Delta H = I/1 = \cot\alpha = 1/\tan\alpha = 1/i$$

由此可见，平距和坡度互为倒数。故直线的坡度越大，平距越小；反之，直线的坡度越小，平距越大。

【例 12-1】　如图 12-7 所示，已知直线 AB 的标高投影 $a_{3.2}b_{6.8}$ 和直线上一点 C 的水平投影 c，求直线上各整数标高点及 C 的标高。

求解方法：

① 平行于 $a_{3.2}b_{6.8}$ 作五条等距（间距按比例尺）的平行线；

② 由点 $a_{3.2}b_{6.8}$ 作直线垂直于 $a_{3.2}b_{6.8}$；

③ 在其垂线上分别按其标高数字 3.2 和 6.8 定出 A、B 两点，连 AB 即为实长；

④ AB 与各平行线的交点 Ⅳ、Ⅴ、Ⅵ 即为直线 AB 的整数标高点，由此可定出各整数标高点的投影 4、5、6；

⑤ 由 c 作 $a_{3.2}b_{6.8}$ 的垂线，与 AB 交于 C 点，就可以由长度 cC 定出 C 点的标高为 4.5m。

三、平面的标高投影

1. 平面上的等高线和最大坡度线

等高线是平面上具有相等高程点的连线。平面上所有水平线都是平面上的等高线，也可看成是水平面与该平面的交线。平面与水平面 H 的交线是高度为零的等高线。在实际工程

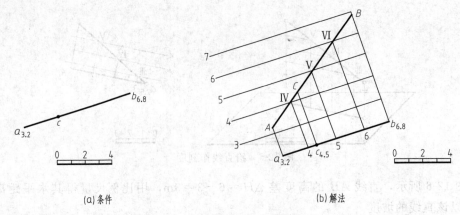

(a) 条件   (b) 解法

图 12-7 求直线上各整数标高点

应用中，常取整数标高的等高线。见图 12-8（a）中 0、1、2…表示平面上等高线；如图 12-8（b）所示的 0、1、2…表示平面上等高线的标高投影。等高线用细实线表示。

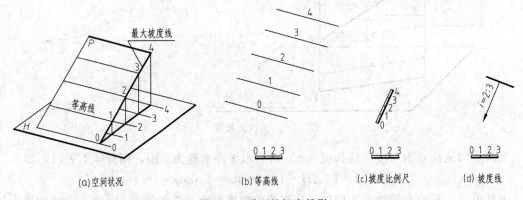

(a) 空间状况   (b) 等高线   (c) 坡度比例尺   (d) 坡度线

图 12-8 平面的标高投影

等高线有如下特性：

① 等高线是相互平行的直线；

② 等高线高差相等，水平间距也相等。

图中相邻等高线的高差为 1m，其水平间距就是平距。

最大坡度线就是平面上对 H 面的最大斜度线，平面上凡是与水平线垂直的直线都是平面的最大坡度线。根据直角投影定理，它们的水平投影相互平行，如图 12-8（a）所示。最大坡度线的坡度就是该平面的坡度。

平面上带有刻度的最大坡度线的标高投影，称为平面的坡度比例尺，用平行的一粗一细双线表示。如图 12-8（c）所示，P 平面的坡度比例尺用字母 Pi 表示。

2. 平面的表示法

平面的标高投影，可用几何元素的标高投影表示。即不在同一直线上的三点；一直线和直线外一点；相交两直线；平行两直线；任意一平面图形。

平面的标高投影，还可用下列形式表示。

① 用一组等高线表示平面：如图 12-8（b）所示，一组等高线的标高数字的字头应朝向高处。

② 用坡度比例尺表示平面：如图 12-8（c）所示，过坡度比例尺上的各整数标高点作它的垂线，就是平面上相应高程的等高线，由此来决定平面的位置。

③ 用平面上任意一条等高线和一条最大坡度线表示平面：如图 12-8（d）所示，最大坡度线用注有坡度 i 和带有下降方向箭头的细实线表示。

④ 用平面上任意一条一般位置直线和该平面的坡度表示平面：如图 12-9（a）所示，由于平面下降的方向是大致方向，故坡度方向线用虚线表示。

如图 12-9（b）所示为根据上述两条件作出等高线的方法：过 a_2、b_5 分别有一条标高为 2、5 的等高线，它们之间的水平距离 L 应为

$$L = \Delta H / i = (5-2)/(1/2) = 3 \times 2 = 6$$

以 b_5 为圆心，以 $L=6$ 为半径（按比例尺量取）画弧，过 a_2 作圆弧切线就得到标高为 2 的等高线。过 b_5 作平行线得到标高为 5 的等高线。将两等高线间距离三等分，并过等分点作平行线，得到 3、4 两条等高线。

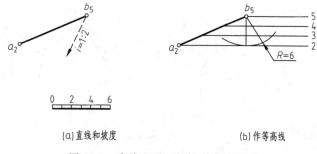

(a)直线和坡度　　　　　(b)作等高线

图 12-9　直线和平面的坡度表示平面

⑤ 水平面的表示法：水平面用一个完全涂黑的三角形加注标高来表示，如图 12-12 所示。

3. 求两平面的交线

在标高投影中，求两平面的交线通常采用水平面作辅助平面。如图 12-10（a）所示，用两个标高为 5 和 8 的水平面作辅助平面，与 P、Q 两面相交，其交线是标高为 5 和 8 的两对等高线，这两对等高线的交点 M、N 是 P、Q 两平面的公共点，连接 M、N 即为所求的交线。

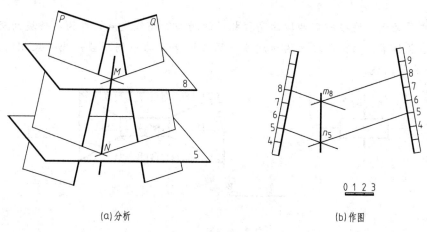

(a)分析　　　　　　　(b)作图

图 12-10　两平面相交

【例 12-2】 已知两个平面的标高投影。其中一个由坡度比例尺 a_0b_4 表示，另一个由等高线 3 和坡度线表示，坡度为 1：2。求两平面交线的标高投影，如图 12-11 所示。

求解方法：

空间及投影分析：求两平面的交线，关键是作出两个平面上标高相同的两对等高线。在此取两组标高为 0 和 3 的等高线。

① 在由坡度比例尺表示的平面上，由刻度 0 和 3，作坡度比例尺的垂线，可得出等高线 0 和 3。

② 在由等高线 3 和坡度线表示的平面上，平距 $L=1/i=2$，则等高线 3 与 0 间距为 $3\times2=6$，根据比例尺，可作出标高为 0 的等高线。

③ 两对等高线分别交于 c_0、d_3，连 c_0d_3 即为所求。

在工程中，把建筑物相邻两坡面的交线称为坡面交线，坡面与地面的交线称为坡脚线（填方）或开挖线（挖方）。

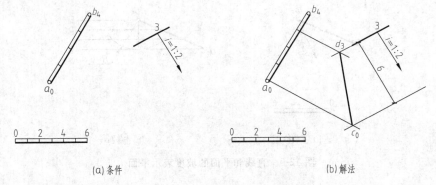

(a)条件   (b)解法

图 12-11　求两平面的交线

【例 12-3】 已知坑底的标高为 -4m，坑底的大小和各坡面的坡度如图 12-12（a）所示，地面标高为 0，求作开挖线和坡面交线。

求解方法：

① 求开挖线：地面标高为 0，因此开挖线就是各坡面上高程为 0 的等高线，它们分别与坑底的相应底边线平行，高差为 4m，水平距离 $L_1=2\times4=8$m，$L_2=3/2\times4=6$m，$L_3=1\times4=4$m。

② 求坡面交线：连接相邻两坡面高程相同的两条等高线交点，即为四条坡面交线。

③ 将结果加深，画出各坡面的示坡线（画在坡面高的一侧，且一长一短相同间隔的细线，方向垂直等高线）。

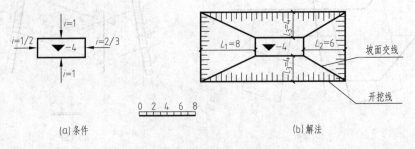

(a)条件   (b)解法

图 12-12　求开挖线和坡面线

第二节　曲面的标高投影

工程上常见的曲面有锥面、同坡曲面和地形面等。曲面的标高投影，是由曲面上一组等高线表示的。这组等高线就是一组水平面与曲面的交线。

一、圆锥曲面

如图 12-13 所示，正圆锥的等高线都是水平圆，它们的水平投影是大小不同的同心圆。把这些同心圆分别标出它们的高程，就是正圆锥面的标高投影。当圆锥正立时，标高向圆心递升；当圆锥倒立时，标高向圆心递减。正置的斜圆锥，如图 12-14 所示，由于该锥面的左侧坡度大，右侧坡度小，故等高线间距距离左侧密，右侧稀，因而等高线为一些不同心的圆。

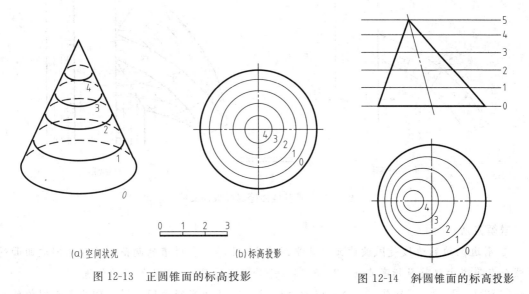

(a) 空间状况　　　(b) 标高投影

图 12-13　正圆锥面的标高投影

图 12-14　斜圆锥面的标高投影

二、同坡曲面

各处坡度均相等的曲面，称为同坡曲面，正圆锥面属于同坡曲面。如图 12-15（a）所示，一个正圆锥的锥顶沿着曲导线 $A_1B_2C_3$ 移动，各位置圆锥的包络面即为同坡曲面。同坡曲面的坡度线就是同坡曲面与圆锥相切的素线。因此，同坡曲面的坡度处处相等。

如图 12-15（b）所示，已知空间曲导线的标高投影及同坡曲面的坡度，分别以 a_1、b_2、c_3 为圆心，用平距为半径差作出各圆锥面上同心圆形状的等高线，作等高线的包络切线，即为同坡曲面上的等高线。

同坡曲面常见于弯曲路面的边坡，它与平直路面的边坡相交，就是同坡曲面与平面相交。

【例 12-4】　如图 12-16（a）所示为一弯曲倾斜引道与干道相连，若干道顶面的标高为 4m，地面标高为 0m，弯曲引道由地面逐渐升高与干道相连。各边坡的坡度见图示，求各坡

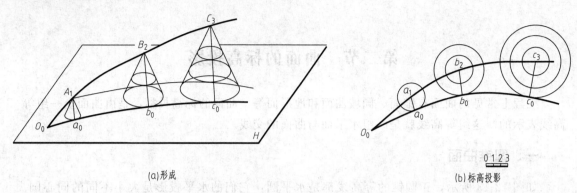

(a)形成　　　　　　　　　　　　　　　　(b)标高投影

图 12-15　同坡曲面的形成及标高投影

面等高线与坡面交线。

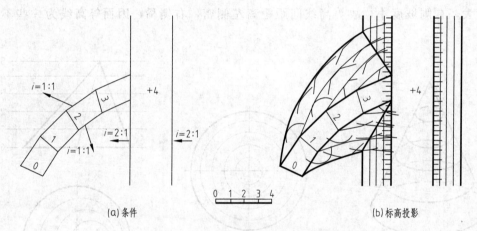

(a)条件　　　　　　　　　　　　　　　　(b)标高投影

图 12-16　求各坡面等高线坡面交线

求解方法：

① 引道两边的边坡是同坡曲面，其平距为 $L=1$ 单位。引道的两条路边即为同坡曲面的导线，在导线上取整数标高点 1、2、3、4（平均分割导线），作为锥顶的位置。

② 以 1、2、3、4 为圆心，分别以 $R=1$、2、3、4 为半径画同心圆，即为各正圆锥的等高线。

③ 作出各正圆锥上同名等高线的包络线，就是同坡曲面上的等高线。

④ 干道的边坡坡度为 2∶1，则平距为 1/2，作出等高线。

⑤ 连接同坡曲面与干道坡面相同等高线的交点，即为两坡面的交线。

三、地形图

用等高线表示地形面形状的标高投影，称为地形图。如图 12-17 所示，由于地形面是不规则的曲面，所以它的等高线是不规则的曲线。它们的间隔不同，疏密不同。等高线越密，表示地势越陡峭；等高线越疏，表明地势越平坦。

为便于看图，地形图等高线一般每隔四条有一条画成粗实线，并标注其标高，这样的粗实线称计曲线。

【例 12-5】 如图 12-18 所示，已知管线两端的高程分别为 19.5m 和 20.5m，求管线 AB

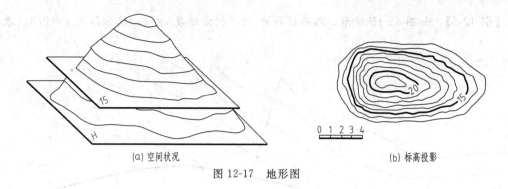

|(a) 空间状况| |(b) 标高投影|

图 12-17 地形图

与地形面的交点。

空间及投影分析：求直线与地面的交点，一般都是包含直线作铅垂面，作出铅垂面与地形面的交线，即断面的轮廓线，再求直线与断面轮廓线的交点，就是直线与地形面的交点。

求解方法：

① 在地形图上方作间距为 1 单位的平行线，且平行于 $a_{19.5}b_{20.5}$，标出各线的高程；

② 在地形图上过管线 AB 作铅垂面 P；

③ 求断面图（P 面与地形面的截交线）：自 P_H 线与等高线相交的各地面点分别向上引垂线，并根据其标高找到它们在标高线上的相应位置，再把标高线上的各点连成曲线，即得地形断面图；

④ 根据标高投影 $a_{19.5}b_{20.5}$，在断面图上作出 AB 直线；

⑤ 找出 AB 直线与地面线的交点 K_1、K_2、K_3、K_4。由此可在地形图中得到交点的标高投影。

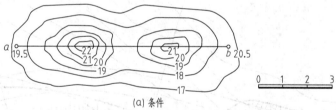

(a) 条件

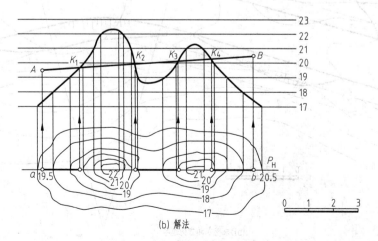

(b) 解法

图 12-18 求管线与地形图的交点

【例 12-6】 如图 12-19 所示，路面标高为 62，挖方坡度 $i=1$，填方坡度 $i=2/3$，求挖

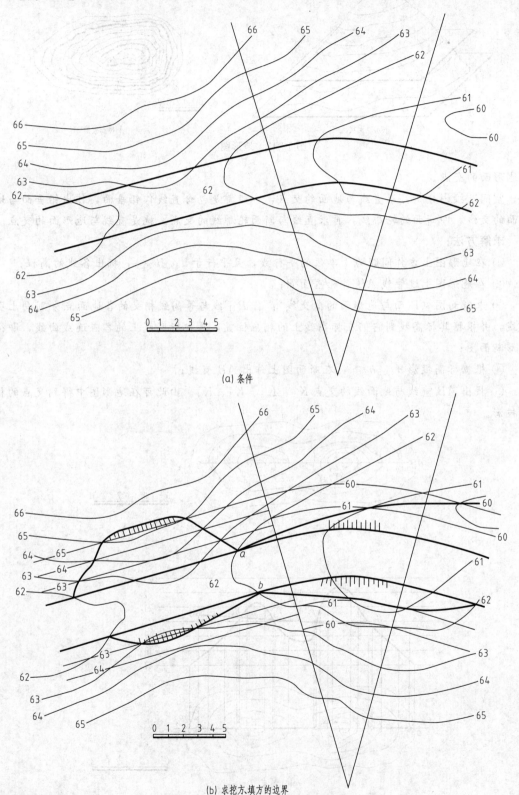

(a) 条件

(b) 求挖方、填方的边界

图 12-19 求道路两侧挖方、填方的边界

方、填方的边界线。

空间及投影分析：该段道路由直道与弯道两部分组成。直道部分地形面高于路面，故求挖方的边界线。这段边界线实际就是坡度为 $i=1$ 的平面与地形面的交线。弯道部分地形面低于路面，故求填方的边界线。这段边界线实际就是坡度为 $i=2/3$ 的同坡曲面与地形面的交线。上述两种分界线均用等高线求解。

求解方法：

① 地形面上与路面上高程相同点 a、b 为填挖分界点，左边为挖方，右边为填方；

② 在挖方路两侧，根据 $i=1$（$l=1$）作出挖方坡面的等高线（平行于路面边界线）；

③ 在填方路面两侧，根据 $i=2/3$（$l=2/3$）作出填方坡面的等高线（实际就是以 O 为圆心，以平距差 $l=2/3$ 为半径的同心圆）；

④ 求出这些等高线与地形面上相同高度等高线的交点；

⑤ 用曲线依次连接各交点，即得到挖、填方的边界线。

第十三章　立体表面展开

在现代工业和通风工程的管道系统中，经常会见到一些用金属板材制成的零件，称为钣金件。如容器、弯管接头、三通接头、吸气罩等，如图 13-1 所示。制造这类制件时，通常是先在薄板上画出表面展开图，然后下料成形，再用咬缝或焊缝连接。

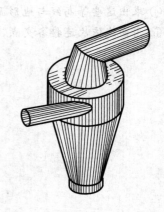

图 13-1　应用实例

将立体表面按其实际大小和形状分成若干个小块平面，依次连续地展平在一个平面上，称为立体表面的展开。展开后所得的图形，称为展开图。立体表面按是否可展开的性质分为可展与不可展两种。平面立体的表面都是平面，是可展的；曲面立体的表面是否可展，则要根据组成其表面的曲面是否可展而定。凡是相邻两条素线彼此平行或相交（能构成一个平面）的曲面，是可展曲面，如柱面、锥面、切线曲面等。凡是相邻两条素线成交叉两直线（不能构成一个平面）或母线是曲线的曲面，是不可展曲面，如球面、圆环面、椭圆面等。在生产中不可展表面可采用近似作图法展开。

绘制展开图有两种方法：图解法和计算法。图解法是根据展开原理得到的，其实质是作立体表面的实形，而作实形的关键是求线段的实长和曲线的展开长度。图解法具有作图简捷、直观等优点，目前应用较广。计算法是用解析计算代替图解法中的展开作图过程，求出曲线的解析表达式及展开图中一系列点的坐标、线段长度，然后绘出图形或直接下料的方法。随着计算机技术的发展，这种方法更显示出准确、高效、便于修改、保存等优点，它必将得到日益广泛的应用。

第一节　多面体的表面展开

平面立体的各棱面均为多边形。绘制展开图时，首先应求出这些多边形的实形，然后将它们依次连续地画在一个平面上，即得该平面立体的表面展开图。

采用图解法作可展表面展开图的基本方法如下。

（1）三角形法。根据一个三角形确定一个平面，将立体表面分成若干个三角形，并依次逐个展开得到展开图的方法，称为三角形法，它通常用于锥面和切线曲面的展开。

（2）平行线法。根据平行线确定一个平面，将立体表面以两相邻的平行线为基础构成的平面形为一平面，并依次逐个展开得到展开图的方法，称为平行线法。它用于柱面的展开。

平行线法，根据其作图方法的不同，又可分为正截面法和侧滚法。

① 正截面法。当柱棱与柱的底面不垂直时，必须先作一与柱棱垂直的正截面，并将组成正截面的各边展开成一直线，这时在展开图上棱线必垂直于该直线，即可逐一画出各表面的展开图，这种方法称为正截面法。如果已知条件中，柱棱垂直于柱底面，则柱底面就是正截面。

② 侧滚法。当柱棱平行于投影面时，以柱棱为旋转轴，将柱的表面逐个绕投影面平行轴旋转到同一个平面上，得到展开图，这种方法称为侧滚法。当柱棱不平行于投影面时，可用换面法，先将柱棱变换到平行于投影面的位置然后再作展开图。

一、棱锥表面的展开

锥面的表面展开主要是应用三角形法，即要把它的各个棱面三角形和底面的实形依次画在一个平面上，实际上就是要求出各个棱边的实长。如图 13-2 所示，求三棱锥 S-ABC 的表面展开图。底面 ABC 是水平面，因此 ab、bc、ca 反映了底面各底边的实长。abc 反映了底面的实形。而各棱面都是一般位置平面，都不反映实形，为此，须求出各棱 SA、SB、SC 的实长，才能与有关底边组合，画出各个棱面的实形。

棱 SA 是正平线，$s'a'$ 反映实长。用直角三角形法求棱 SB、SC 的实长：先作 s_1s_x 竖直线，等于 s' 到水平面 ABC 距离，以 s_1s_x 为一直角边，并取 $s_xb_1=sb$，$s_xc_1=sc$ 各为另一直角边，斜边 s_1b_1 和 s_1c_1 即为所求棱的实长。然后，从任意取定的一根棱开始，例如从 SB 开始，按已知三棱和各个底边的实长，依次画出各棱面三角形 SAB、SBC、SCA 和底面 ABC，即得到如图 13-2（c）所示的展开图。

在展开图上确定 DEF 封闭折线位置。由于点 D、E、F 分别在各个棱上，通过作图确

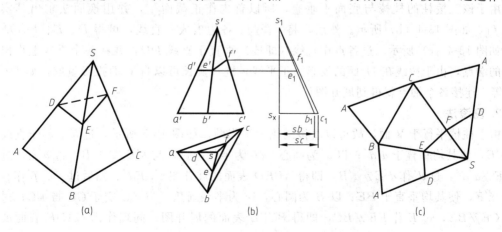

图 13-2 三棱锥的表面展开图

定各点在实长线上的准确位置，然后在展开图的各棱上截得相应点的位置。图中 $s'd'$ 反映 SD 的实长，SE 和 SF 的实长可用分割线段成比例的原理求出，然后应用所求实长定出展开图上 $DEFD$ 的准确位置，如图 13-2（c）所示。

如用平面 P 截切三棱锥，如图 13-3（a）、（b）所示，该平面 P 与三条棱线分别交于 D、E、F 三点，去掉锥顶部分，成为截头三棱锥，其棱面是四边形。从初等几何可知，仅知四个边长还不能作出四边形的实形。故展开时，仍需先按完整的三棱锥展开，再截去锥顶部分。为此，先在投影图上定出 D、E、F 三点的位置，求出 SD、SE、SF 的实长，然后量到三棱锥展开图对应的棱线 SA、SB、SC 与 SA 上，如图 13-3（c）所示，得点 D、E、F 和 D，并把各点用直线连接，即得截头三棱锥的表面展开图。

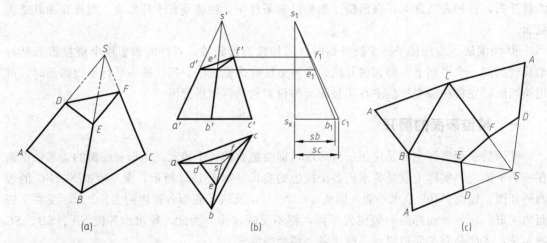

图 13-3 截三棱锥表面展开

二、棱柱的表面展开

对棱柱的表面展开，一般采用正截面法、侧滚法或三角形法。

如图 13-4、图 13-5 所示的斜三棱柱的表面展开图。可以采用多种作法。

1. 正截面法

由于该三棱柱的柱棱与底面不垂直，所以首先作正截面 P，并用换面法求出其实形 $d_1e_1f_1$，如图 13-4（b）所示。然后，将 $d_1e_1f_1$ 各边展成一直线，可得 D、E、F、D 各点，如图 13-4（c）所示。过各点作直线（即棱）垂直于直线 DD，并在各个垂线上作出各棱线的端点，由于棱线在 H 面的投影为正平线，棱长实长可以自 V 面投影量取，如 $DA = d'a'$ 等。连接各个端点就得到展开图。

2. 侧滚法

由于柱棱平行于 V 面，故可以直接用侧滚法作图。如图 13-5 所示，过 b'、e' 作直线 $b'B$、$e'E$，使其均垂直于 $a'd'$；以 a' 为圆心，ab 为半径画弧，与 $b'B$ 交于 B，得 $a'B$；过 B 作 $BE /\!/ a'd'$，过 d' 作 $d'E /\!/ a'B$，即得 $ABED$ 表面的展开图 $a'BEd'$；然后过 c'、f' 作直线 $c'C$、$f'F$，使其均垂直于 BE；以 B 为圆心，bc 为半径画弧，与 $c'C$ 交于 C，得 BC；过 C 点作 $CF /\!/ BE$，过 E 作 $EF /\!/ BC$，即得 $BCFE$ 表面的展开图；同理作出 $CADF$ 表面展开图，即完成作图。

采用正截面法和侧滚法是对棱柱展开常用的方法，当然也可以采用三角形法，就是把棱

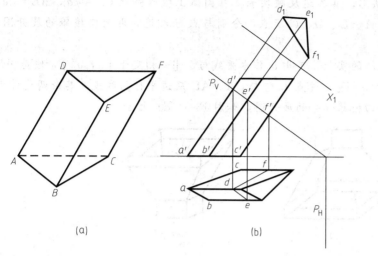
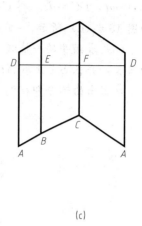

图 13-4 斜三棱柱正截面法表面展开

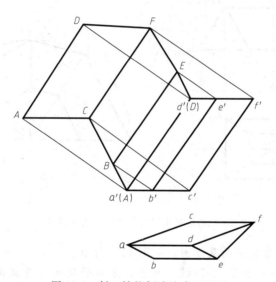

图 13-5 斜三棱柱侧滚法表面展开

柱侧面的每个四边形分割为两个三角形，对每个三角形求实长，然后依次作出三角形的实形，从而得到棱柱面的展开图，感兴趣的读者可以自己试试，可以参考棱锥表面的展开画法。

三、应用举例

【**例 13-1**】 求漏斗或者吸气罩的表面展开图，如图 13-6 所示。

分析：如图 13-6（a）和图 13-6（b）所示，漏斗和吸气罩的表面是由一个四棱锥和两个四棱柱组成。四棱柱的展开图利用侧滚法比较简单。关键是求出四棱锥的展开图。如图 13-6（c）所示，先延长四棱锥各棱线，求出四棱锥顶点 S，得出四棱锥。然后用直角三角形法求出棱线 SA 的实长。四根棱线长度相同。

作图步骤：

（1）作 $SA = a'\mathrm{II}_0$。以 S 为圆心，SA 为半径作一圆弧。

（2）因矩形 $acde$ 反映实形，其各边反映实长。在圆弧上截取弦长 $CA=ca$，$AE=ae$，$ED=ed$，$DC=dc$，得 C、A、E、D、C 交点，分别与点 S 相连，即为四棱锥的展开图，如图 13-6（d）所示。

（3）求漏斗的一棱线 AB 的实长，可由 b' 作水平线与 $a'Ⅱ_0$ 相交于 $Ⅰ_0$，$a'Ⅰ_0$ 便是 AB 的实长，并在 SA 上取 $AB=a'Ⅰ_0$。过点 B 作与 CA、AE 底边平行的线段，其余两边作法类同，截出的部分即得漏斗四棱锥部分的展开图，如图 13-6（d）所示。

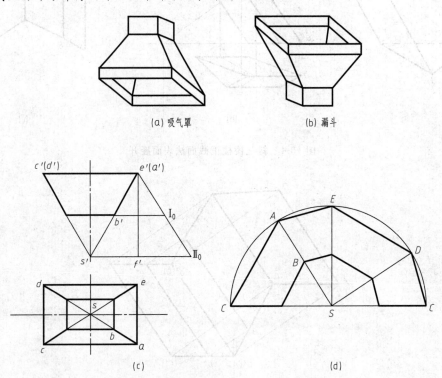

(a) 吸气罩　　　　　　　　(b) 漏斗

(c)　　　　　　　　　　(d)

图 13-6　漏斗（吸气罩）的表面展开

【例 13-2】 求方口管接头的展开图，如图 13-7 所示。

分析： 如图 13-7（a）和图 13-7（b）所示，方口管接头实质就是一斜截头四棱锥，前后对称，其表面都是平面。前后两侧面是形状和大小相同的四边形，左右两侧面为大小不等的等腰梯形。组成四个侧面的各边仅仅四条侧棱不反映实长，因而，关键的步骤是求出各侧棱的实长。

作图步骤：

（1）用直角三角形法求 AF 和 BF 的实长，如图 13-7（b）所示。

（2）水平投影 $1a$、$2e$、ef、$3b$、$4f$ 反映实长，同理，正面投影 $e'f'$、$1'2'$、$3'4'$ 也反映实长。

（3）画对称线，量 $ⅠⅡ=1'2'$。过 $Ⅰ$、$Ⅱ$ 分别作垂线，量取 $ⅠA=1a$，$ⅡE=2e$，求出 A、E 两点，得到四边形 $ⅠⅡEA$。

（4）以 A 为圆心，实长 AF 为半径作弧，以 E 为圆心，$EF=e'f'$ 为半径作弧，两弧相交于 F 点，得三角形 AEF。

（5）以 A 为圆心，$AB=a'b'$ 为半径作弧，以 F 为圆心，实长 BF 为半径作弧，两弧相交于 B 点，得三角形 ABF。

（6）由于 BKF 是一直角三角形，$BK \perp KF$，作图时可以 BF 为直径作半圆，以 B 为圆心，实长 Ⅲ Ⅳ $= 3'4'$ 为半径作弧，与半圆相交于 K 点。连接 KF 并延长，取 Ⅳ $F = 4f$，求出 Ⅳ 点。过 B 点作 Ⅲ $B = 3b$ 并平行于 Ⅳ F，求得四边形 Ⅲ Ⅳ FB。

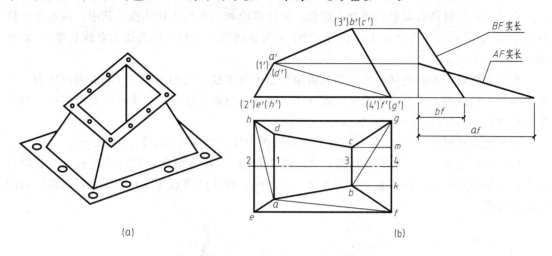

(a)　　　　　　　　　　　　　(b)

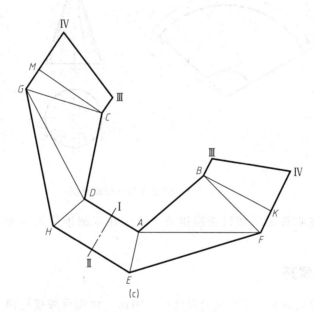

(c)

图 13-7　方口管接头的表面展开

（7）用同样的方法求得另一半的展开图即可，如图 13-7（c）所示。

通过以上各例分析，对多面体的表面展开可以分别求出组成立体表面的实形，然后依次排列在一个平面上即得展开图，这种方法又称为实形法。

第二节　可展曲面的表面展开

锥面、柱面及切线曲面属于单曲面，其上相邻两素线为相交或平行的两直线，由于相邻两素线构成一平面，故为可展曲面。

一、锥面的展开

完整的正圆锥的表面展开图为一扇形，可计算出相应参数直接作图，其中，圆心角计算公式是 $\alpha = 360° r/L$（其中 α 为圆心角大小，r 为锥底圆的半径，L 为锥面素线长度），如图 13-8（a）、（b）所示。

近似作图时，锥面的展开方法是从锥顶引若干条素线，把相邻两素线间的表面作为一个三角形平面画锥面的展开图，最后在展开图上将各三角形底边各点依次连成光滑曲线。具体作图步骤如下，如图 13-8（c）所示。

（1）把水平投影圆周 12 等分，在正面投影图上作出相应投影 $s'1'$、$s'2'$、…。

（2）以素线实长 $s'7'$ 为半径画弧，在圆弧上量取 12 段等距离，此时以底圆上的分段弦长近似代替分段弧长，即 Ⅰ Ⅱ＝12、Ⅱ Ⅲ＝23、…，将首尾两点与圆心相连，得正圆锥面的近似展开图。

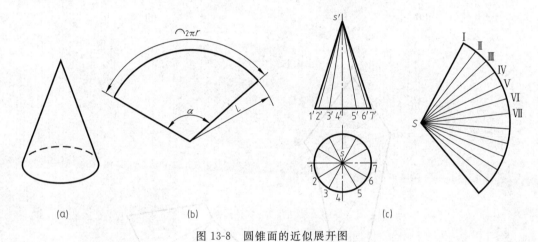

图 13-8　圆锥面的近似展开图

若需展开大喇叭管形平截口正圆锥管，只需在正圆锥管展开图上截去上面小圆锥面即可。

二、柱面的展开

柱面可以看成具有无穷多棱线的棱柱面。因此，柱面可按棱柱面的展开方法进行展开。圆柱面常用计算法或图解法进行展开。从初等几何可知，圆柱面展开后，是以底边周长 πD（$\pi \times 2r$）为一边，以素线长为高的一个矩形。计算出 πD 后，即可画出展开图。

如图 13-9（a）、（b）所示的截头圆柱，一般用图解法进行展开，其作图步骤如下：

（1）把底圆分为若干等份，如图 13-9（b）中分为十二等份，对应有十二条素线，如 AH、BI、CJ 等。

（2）把底边展开成一直线段，其长度为十二段弦长（如弦 hi、ji 等）之和，得各分点为 H、I、J…，如图 13-9（c）所示。也可取直线长为 πD，再十二等分得各分点。后一种方法较为精确。

（3）过各分点作底边的垂线，如取 HA、IB、JC…，并从正面投影上量取对应素线实长，如取 $HA = h'a'$、$IB = i'b'$…，从而得 A、B…各点。

（4）用曲线光滑连接 A、B、C…诸点，即得截头圆柱的展开图，如图 13-9（c）所示。可以看出，底边等分点数越多，作图结果越精确。

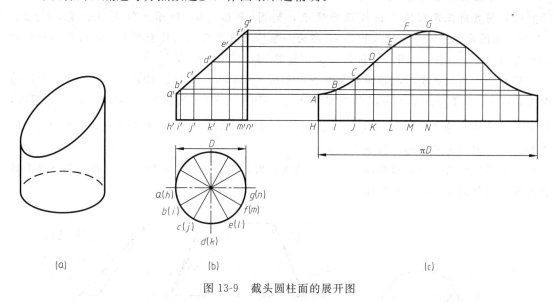

图 13-9 截头圆柱面的展开图

三、应用举例

【例 13-3】 求变形接头的展开图，如图 13-11 所示。

分析：在圆形和矩形之间由平面和锥面组合而成的表面为变形接头或方圆接头的表面，在钣金工中俗称"天圆地方"。变形接头在工程中应用较广，如吸尘罩［如图 13-10（a）所示］、管道中的渐变段［如图 13-10（b）所示］等。

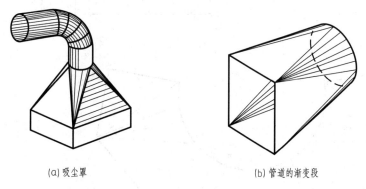

(a) 吸尘罩　　　　　　　　　　(b) 管道的渐变段

图 13-10 常见变形接头

变形接头表面展开时，只要依次将侧面的四个等腰三角形平面和四个相等的倒斜椭圆锥面展开，即可作出整个变形接头的展开图。画展开图时，应求出平面与锥面的分界线。为使变形接头内壁尽可能光滑，三角形平面应与斜椭圆锥面相切。

对于等腰三角形部分，它的底边在视图上（如图 13-11 所示）反映实长，两腰为一般位置直线，需要求出实长才能求出等腰三角形的实形。对于锥面可将其近似地分为若干小三角形，然后求出各个三角形的实形。只要将四个等腰三角形（其中一个等腰三角形被划分成两个相同的直角三角形）和四个斜锥面依次摊平画在一起，即成为方接圆变形接头的展开图。

作图步骤：

（1）分上管口圆周为 12 等份，作出四个倒斜圆锥的素线，如图 13-11（b）所示。

（2）用直角三角形法求出线段的实长，如图 13-11（b）所示。取投影长度 $a1=a4$，$a2=a3$ 至图示位置，变形接头的高 H 即为一般位置直线两端点的坐标差，则直角三角形的斜边即为 $A\mathrm{I}=A\mathrm{IV}$，$A\mathrm{II}=A\mathrm{III}$ 的实长，如图 13-11（b）所示。

（3）作出各组成平面及锥面的展开图，如图 13-11（c）所示。作 $AB=ab$，以 A、B 为圆心，$A\mathrm{I}$、$B\mathrm{I}=A\mathrm{I}$ 为半径作弧交于 I 点，即得 $\triangle AB\mathrm{I}$ 的实形，再以 I 和 A 为圆心，$\stackrel{\frown}{12}$ 和 $A\mathrm{II}$ 为半径分别作弧交于 II 点，依次画出各三角形，然后依次光滑连接 I、II、III、IV 各点，即为一个部分锥面的展开图。

（4）用同样的方法作出其他部分表面的展开图，然后依次排列即完成作图。整个变形接头的展开图如图 13-11（c）所示。

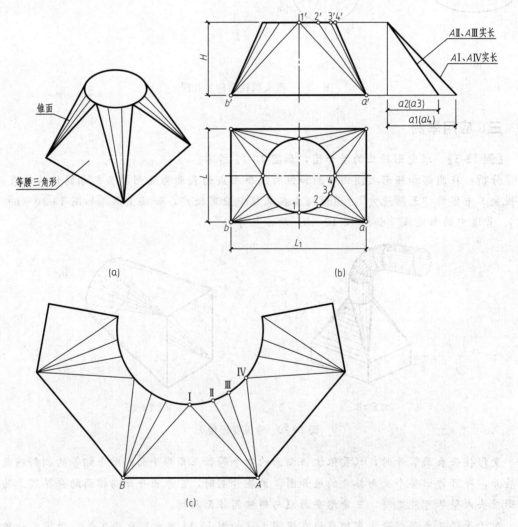

图 13-11　变形接头表面展开

在实际生产中，常用下面的方法（如图 13-12 所示）简化作图。如已知圆的半径为 R，正方形的边长为 L，接头高度为 H，其作图步骤如下：

（1）作铅垂线 OC，水平线 OD，以 O 为圆心、R 为半径画 $1/4$ 圆，且三等分，得等分点 1、2、3、4。

（2）以 O 为圆心，$L/2$ 为半径作弧在 OC 上得 O_1，在 OD 上得 O_2。再以 O_1、O_2 为圆心，同样长度为半径作弧交于 a，得连线 $a1$、$a2$、$a3$、$a4$。

（3）在 OC 上取高 H，OD 上取 $a1=a4$，$a2=a3$，则作出的斜边即为实长。

（4）然后按图 13-11（c）所示的方法作展开图。

用这种方法作图可以省略画投影图，因而使作图简化。

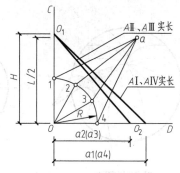

图 13-12　变形接头表面展开的简化画法

第三节　不可展曲面的近似展开

直线曲面中，连续两素线是异面直线的曲面和由曲母线形成的曲面，均属不可展曲面，如正螺旋面、球面与环面等。理论上，这些曲面是不能展开的。但是由于生产需要，常采用近似展开法画出它们的表面展开图。作不可展曲面的展开图时，可假想把它划分为若干与它接近的可展曲面的小块（柱面或锥面等），按可展曲面进行近似展开；或者假想把它分成若干与它接近的小块平面，从而作近似展开。

一、球面的近似展开

圆球面可按柱面或锥面来展开，也可把两种方法结合起来展开。

1. 柱面法

如图 13-13（a）所示，将球面沿子午面分为若干等份，如 12 等份（瓣），每一瓣用外切圆柱面代替，作出 $1/12$ 球面的近似展开图，并以此为模板，即可作出其余各等份的展开图。

作图步骤：

（1）将球面沿子午面 12 等分，并将其中一等份的 $1/2$ 用圆柱面代替，如图中 NAB，如图 13-13（a）所示。

（2）作直线 $NS=\pi R$，并将其 12 等分，图中标出各分点 N、3、6、S 等，如图 13-13（b）所示。

（3）过分点作垂线，如点 3、点 6 等，垂直于 NS，并在各垂线上量取相应的长度，如在过点 6 的垂线上，量取 $B6=b6$、$6A=6a$；在过点 3 的垂线上，量取 $D3=d3$、$3C=3c$，得点 D、B、C、A 等，如图 13-13（c）所示。

（4）顺次光滑地连接各点，即得 $1/12$ 球面的近似展开图，如图 13-13（c）所示。

2. 锥面法

如图 13-14 所示，将球面沿着纬线划分成若干块，如 9 块，再作各块的展开图。

作图步骤：

（1）沿纬线将球面划分为若干块，块数视球的大小而定，现为 9 块，如图 13-14（a）所示。

（2）将包含赤道的一块（Ⅴ）用内接球面的圆柱面代替，作圆柱面Ⅴ的展开图。

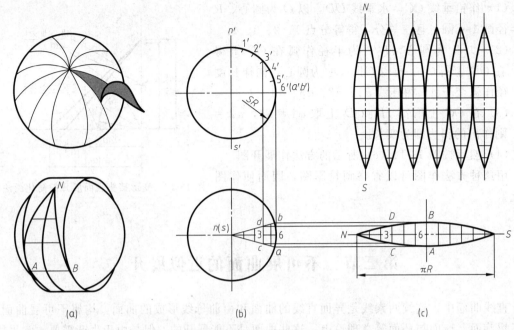

图 13-13　柱面法球面展开

（3）以 $R=o'1'$ 为半径作圆，得球两极（Ⅰ）的展开图，如图 13-14（b）所示。

（4）Ⅱ、Ⅲ、Ⅳ各块（下半球与其对称也有三块），分别用内接球面的圆锥面代替，做圆锥面的展开图。现以锥台Ⅳ为例，其作法是：连 $4'$、$3'$，$4'3'$ 直线与铅垂中心线交于点 s_3'；以 s_3' 为圆心 $s_3'4'$ 为半径，作锥Ⅳ表面的展开图，图 13-14 中只画出一半，如图 13-14（c）所示。

（5）类似地作锥台Ⅱ、Ⅲ表面的展开图。

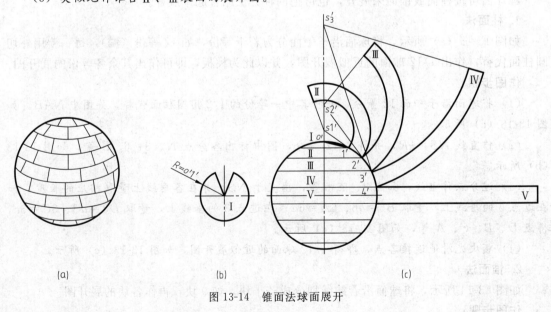

图 13-14　锥面法球面展开

二、圆环面的近似展开

圆环面如图 13-15（a）所示。近似展开的方法是过圆环回转轴作若干平面，把圆环截切成相同的几段，再把每一段按截头圆柱面进行展开，即得圆环面的近似展开图。如图 13-15（b）所示的是已知 D、R 及 θ，作圆环弯头的展开图。

作图步骤：

（1）将圆心角 θ 分为若干等份，如 3 等份，分点为 0、1、2、3。

（2）过四条辐射线与内、外圆弧及中心圆弧相交，过交点作圆弧的切线，得四节截圆柱。

（3）连接截圆柱对应轮廓线的交点，如点 a、b，得相邻两截圆柱的相贯线的投影，如 ab，完成投影图。

（4）将截圆柱每隔一节旋转 $180°$，得一个整圆柱。

（5）计算半节高 h 和整圆柱高 H

$$h = R \tan \frac{\theta}{2n} \tag{13-1}$$

$$H = 2nh \tag{13-2}$$

式中，n 为圆心角的等分数。

（6）作整圆柱面的展开图，是矩形，尺寸为 $H \times \pi D$。

（7）截圆柱 I 按截头圆柱面展开图，以 $D/2$ 为半径作辅助半圆，并将其 6 等分，同时将周长 12 等分，作出截交线的展开图，得截圆柱 I 的展开图。

（8）类似地作出其余各节的展开图，完成全部展开图。

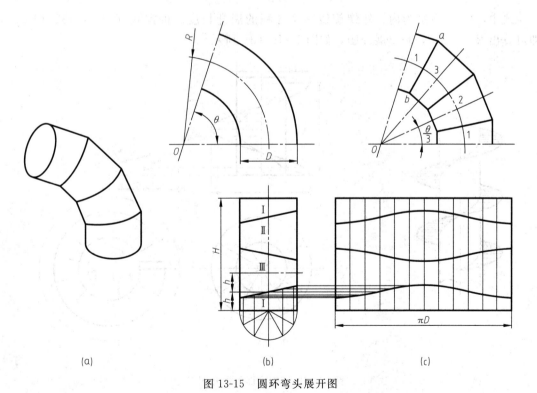

图 13-15　圆环弯头展开图

三、正螺旋面的近似展开

正圆柱螺旋面一般将其中一个导程作为一段，以直线为母线，以一螺旋线及其轴线为导线，又以轴线的垂直面为到平面的柱状面，可用作图法或计算法画出其展开图。

1. 作图法

采用三角形法，如图 13-16 所示，作图步骤：

（1）将一个导程的螺旋面沿径向作若干等分，如 12 等分，得到 12 个四边形，如图 13-16（b）所示。

（2）取一个四边形，如 $ABCD$，作对顶点连线，如 AC，得两个三角形；

（3）求这两个三角形边中未知的实长 AB、CD 和 AC；

（4）作出四边形的展开图 $ABCD$，并以此为模板，依次拼合四边形，作出一个导程的螺旋面的近似展开图，如图 13-16（b）所示。

2. 计算法

已知螺旋面外径 D、内径 d、导程 S、螺旋面宽度 h，则有

$$L=\sqrt{(\pi D)^2+S^2} \tag{13-3}$$

$$l=\sqrt{(\pi d)^2+S^2} \tag{13-4}$$

$$r=\frac{lh}{L-l} \tag{13-5}$$

$$R=r+h \tag{13-6}$$

$$\alpha=\frac{2\pi R-L}{\pi R}180° \tag{13-7}$$

式中，l、L 分别为内、外螺旋线一个导程的展开长度。根据式（13-3）～式（13-7），即可算出 R、r 和 α，画出展开图，如图 13-16（c）所示。

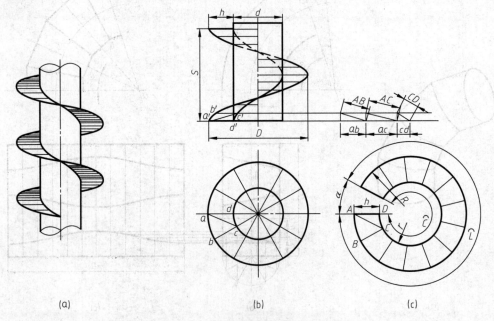

| (a) | (b) | (c) |

图 13-16 正螺旋面的展开图

四、应用举例

【例 13-4】 作斜椭圆锥面的展开图，如图 13-17 所示。

分析：本锥面的正截面为椭圆，底面为水平面，可用内接棱锥面代替椭圆锥面，作近似展开。

作图步骤：

（1）将底圆 12 等分，并过各分点作素线，如图中的 $S2$，其余素线未画出，如图 13-17（b）所示。

（2）用绕垂直轴旋转法（轴线过点 S），求各素线的实长，如 $S2$、$S6$ 等。

（3）以相邻两素线的实长为两边，以底圆上的一等分的弦长（如 12）为第三边，依次作出各三角形，如 $S76$、$S65$ 等，得点 7、6、5 等。

（4）用曲线板顺次光滑连接各点，即可画出展开图，如图 13-17（c）所示。

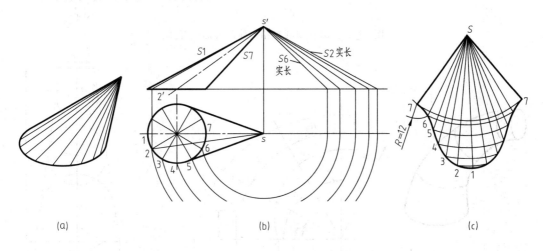

图 13-17 斜椭圆锥面的展开图

【例 13-5】 作出具有公共对称面的圆柱与圆锥相贯体的表面展开图，如图 13-18 所示。

作图步骤：

（1）用辅助球面法，求出两立体相关线上的点，图中只是表示求出点 A 的 V 投影 a' 的作图过程，作出相贯线的 V 投影。

（2）作圆锥面的圆截面（圆心为 O_1），并将其等分为若干份，现为 8 等份，过各分点作素线。

（3）以圆截面为底圆，作圆锥面的展开图，即扇形 $S11$。

（4）底圆以上的截交线和底圆以下的相贯线上的各点，按所在素线，求出其在展开图上的位置，完成圆锥面的展开图。

（5）作圆柱面的展开图。为此，过 $1'$ 至 $5'$ 各点，分别作水平线，其中过 $1'$、$5'$ 的水平线与铅垂线 $1_1 5_1$ 交于 1_1、5_1。以 5_1 为圆心、54（弦长）为半径作圆弧，与过 $4'$ 点的水平线交于 4_1（两点）。

（6）类似地作出 3_1、2_1（均有两点），并依次用曲线板光滑连接 1_1、2_1、3_1、4_1、5_1 各点，即得圆柱面上相贯线的展开图。

【例 13-6】 已知 D、d、R 及 θ，作减缩圆管弯头的展开图，如图 13-19 所示。

分析：渐缩圆管弯头是球心在弯头曲率中心线上，直径均匀缩小的各球面的包络面，俗称牛角弯，是不可展曲面，现用圆锥面法作近似展开。

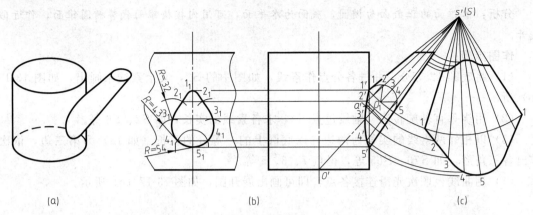

(a)   (b)   (c)

图 13-18　圆柱与圆锥相贯体的表面展开图

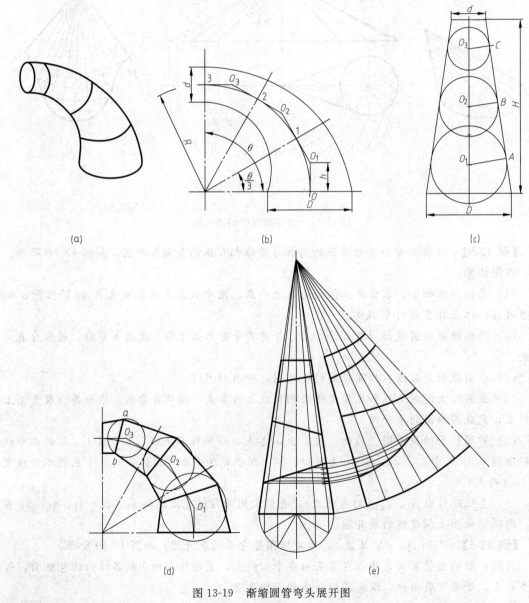

(a)   (b)   (c)

(d)   (e)

图 13-19　渐缩圆管弯头展开图

作图步骤：

（1）将圆心角 θ 分为若干等份，如 3 等份，得分点 0、1、2、3，如图 13-19（b）所示。

（2）过各分点作弯头曲率中心线的切线，得各节圆锥的轴线，并得交点 O_1、O_2、O_3。

（3）计算半节高 h 和圆锥台高 H

$$h = R \tan \frac{\theta}{2n} \qquad\qquad H = 2nh$$

式中，n 为圆心角等分数。

（4）根据总高 H、直径 d 和 D，作圆锥台，如图 13-19（c）所示。

（5）过 O_1、O_2、O_3 向锥台的轮廓线引垂线，得垂足 A、B、C，则 O_1A、O_2B、O_3C 为圆锥台内切球的半径。

（6）将三个内切球分别移到图 13-19（a）上，其结果如图 13-19（d）所示。

（7）由两端面圆直径的端点，向邻近的球 O_1、O_3 作切线，同时作两相邻球的公切线，得各节圆锥的轮廓线，如图 13-19（d）所示。

（8）连接截圆锥对应轮廓线的交点（如点 a、b），得相邻两截圆锥相贯线的投影（如 ab），完成投影图。

（9）将相贯线移到圆锥台上，每隔一节旋转 $180°$，如图 13-19（e）所示。

（10）作圆锥台的展开图，即为渐缩圆管弯头的近似展开图。

第四节　展开中的工艺处理

在实际生产中，绘制表面展开图不仅要根据前面讲的几何方法进行绘制，还要考虑加工工艺和用料经济等问题，这些问题主要是板厚影响、接口形式和余量等问题。

一、薄板制件的板厚处理

在金属板较厚而对制件的尺寸又要求精确的情况下，必须要考虑到板厚的影响。

图 13-20 表示金属板在弯曲成形时，其中心层外侧部分受拉伸长，内侧部分受压缩短，只有中心层长度不变。因此，在绘制金属板卷制的圆管展开长度时，需要用中径计算，即

　　管口周长＝$\pi D_中$＝$\pi (D_内 + D_外)/2$

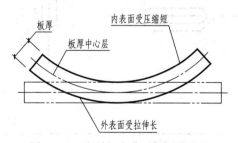

图 13-20　金属板卷曲时板厚的影响

如图 13-21 所示。据此下料就能得到符合要求的尺寸。但对于平板制件，则不必考虑板厚的影响，仍按实际内表面要求的尺寸下料。

中性层的位置与板厚和弯曲制件的弯曲半径的比值有关。当 $r/t \geqslant 5$ 时，中性层的半径 R 一般取在 $t/2$ 处，即 $R = r + t/2$；当 $r/t \leqslant 5$ 时，可取 $R = r + xt$，式中 x 值参见表 13-1 选取。

表 13-1　x 值

r/t	0.5	0.8	2.0	3.0	4.0	5.0
x	0.25	0.3	0.35	0.45	0.48	0.5

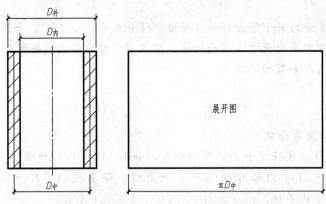

图 13-21　按中径计算画圆管展开图

通风管道设计时，矩形管按内壁尺寸计算，圆管按内径计算。对于使用厚度 1.2mm 以下钢板来说，板厚影响甚微，可以忽略不计。但对于某些管道或设备需要用厚度 3mm 以上的钢板制造，这就需要考虑厚度问题。特别对圆管来说，当用钢板卷制成圆管时，就应按上面所讲按中心层直径展开。对于矩形管，加工时仅转角处小范围产生拉伸和压缩，且为数很少，而平直的部分则无此现象，故仍按内壁尺寸来进行展开。由此可见，如果制作方圆管接头，则圆端应按中径计，而方形一端仍按内壁尺寸展开。

二、薄板制件的接口处理

厚度在 1mm 以下的制件称作薄板制件。对于薄板制件，接口处一般采用咬缝来进行连接。常用的接口咬缝形式有平缝、角缝、嵌底咬缝等，如图 13-22 所示。咬缝宽度 L 与板厚 t 有关，一般 $L=(8\sim12)t$，咬缝的宽度与板厚的关系可参见表 13-2。

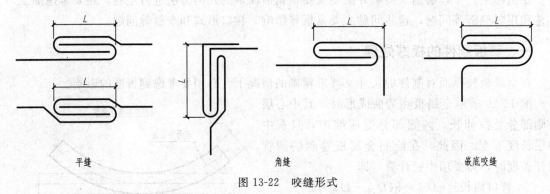

平缝　　　　　　　　　　　　　角缝　　　　　　　　　嵌底咬缝

图 13-22　咬缝形式

表 13-2　咬缝宽度

钢板厚度 t/mm	平咬缝宽度 L/mm	角咬缝宽度 L/mm
0.7	6～8	6～7
0.7～0.8	8～10	7～8
0.9～1.2	10～12	9～10

在放样下料时，还必须考虑加放接口咬缝裕量 σ，如图 13-23 所示。裕量的宽度与咬缝形式、制作尺寸和板厚有关，应分别留在两边。例如平缝，在板的一边留裕量为咬缝宽度的一倍，另一边留两倍，总共留出咬缝宽度的三倍。

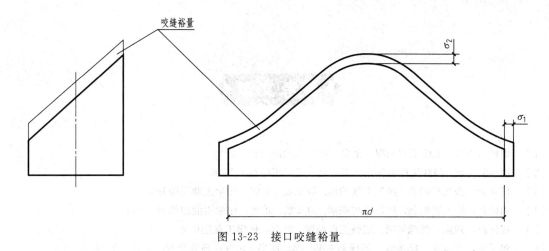

图 13-23　接口咬缝裕量

此外，薄板管件两端须装设法兰盘，供与其他管件连接使用。法兰盘与管件用铆钉紧固。装法兰盘的管端需留出相当于作法兰盘角钢宽度的裕量，并酌加翻边裕量约 10mm。

较厚的钢板制件一般采用焊接。接口处在焊接前需要修平，因此在展开图上应留出修整裕量，修整裕量可参照表 13-3 选用。

表 13-3　修整裕量

板厚 t/mm		$\leqslant 4$	$>4\sim 8$	$>8\sim 14$	$>14\sim 20$
修整裕量 σ/mm	用手工气割	3	4.5	5.5	7
	用半自动气割	2	3	4	5

为了节约加工时间和节省材料等，通常应根据展开图形状合理排料，力求紧密，尽可能减少切割长度，这样才能充分利用材料，减少边角料，并节省下料工时。接口的咬缝或焊缝的位置应设计在构件最短的素线或棱线上，达到事半功倍的工效。

◆参考文献◆

[1] 周佳新主编. 土建工程制图. 北京：中国电力出版社，2012.

[2] 周佳新编著. 园林工程识图. 北京：化学工业出版社，2008.

[3] 周佳新，张久红编著. 建筑工程识图. 第2版. 北京：化学工业出版社，2013.

[4] 周佳新，姚大鹏编著. 建筑结构识图. 第2版. 北京：化学工业出版社，2008.

[5] 周佳新，刘鹏，张楠编著. 道桥工程识图. 北京：化学工业出版社，2014.

[6] 邓学雄，太良平，梁圣复，周佳新主编. 建筑图学. 北京：高等教育出版社，2007.

[7] 丁建梅，周佳新主编. 土木工程制图. 北京：人民交通出版社，2007.

[8] 丁宇明，黄水生主编. 土建工程制图. 北京：高等教育出版社，2004.

[9] 朱育万等. 画法几何及土木工程制图. 北京：高等教育出版社，2000.

[10] 赵大兴. 工程制图. 北京：高等教育出版社，2007.

[11] 何斌等. 建筑制图. 北京：高等教育出版社，2005.

[12] 大连理工大学工程画教研室. 画法几何学. 北京：高等教育出版社，2004.